아이스크림
더연산

곱셈

왜, 『더 연산』일까요?

수학은 기초가 중요한 학문입니다.

기초가 튼튼하지 않으면 학년이 올라갈수록 수학을 마주하기 어려워지고, 그로 인해 수포자도 생기게 됩니다.
이러한 이유는 수학은 계통성이 강한 학문이기 때문입니다.
수학의 기초가 부족하면 후속 학습에 영향을 주게 되므로 기초는 무엇보다 중요합니다.
또한 기초가 튼튼하면 문제를 해결하는 힘이 생기고 학습에 자신감이 붙게 되므로 기초를 단단히 해야 합니다.

수학의 기초는 연산부터 시작합니다.

『더 연산』은 초등학교 1학년부터 6학년까지의 전체 연산을 모두 모아 덧셈, 뺄셈, 곱셈, 나눗셈을 각 1권으로,
분수, 소수를 각 2권으로 구성하여 계통성을 살려 집중적으로 학습하는 교재입니다(* 아래 표 참고).
연산을 집중적으로 학습하여 부족한 부분은 보완하고, 학습의 흐름을 이해할 수 있게 하였습니다.

곱셈

1-1	1-2	2-1	2-2	3-1	3-2
9까지의 수	100까지의 수	세 자리 수	네 자리 수	덧셈과 뺄셈	곱셈
여러 가지 모양	덧셈과 뺄셈	여러 가지 도형	곱셈구구	평면도형	나눗셈
덧셈과 뺄셈	여러 가지 모양	덧셈과 뺄셈	길이 재기	나눗셈	원
비교하기	덧셈과 뺄셈	길이 재기	시각과 시간	곱셈	분수
50까지의 수	시계 보기와 규칙 찾기	분류하기	표와 그래프	길이와 시간	들이와 무게
–	덧셈과 뺄셈	곱셈	규칙 찾기	분수와 소수	자료의 정리

 2학년 학생에게 곱셈을 처음 배우는 시기이므로 곱셈이 무엇인지 확실히 이해하고, 곱셈구구를 정확하게 익히는 것부터 시작해야 해요. 반복해서 연습해 보세요.

 3학년 학생에게 곱셈구구를 능숙하게 할 수 있다면 다양한 형태의 곱셈에 도전해 보세요. 덧셈에서 받아올림했던 기억을 떠올려 곱셈에서도 올림에 주의하여 계산해 보세요.

『더 연산』은 아래와 같은 상황에 더 필요하고 유용한 교재입니다.

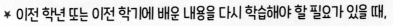

★ 이전 학년 또는 이전 학기에 배운 내용을 다시 학습해야 할 필요가 있을 때,

★ 학기와 학기 사이에 배우지 않는 시기가 생길 때,

★ 현재 학습 내용을 이전 학습, 이후 학습과 연결하여 학습 내용에 대한 이해를 더 견고하게 하고 싶을 때,

★ 이후에 배울 내용을 미리 공부하고 싶을 때,

『더 연산』이 적합합니다.
『더 연산』은 부담스럽지 않고 꾸준히 학습할 수 있게 하루에 한 주제 분량으로 구성하였습니다.
한 주제는 간단히 개념을 확인한 후 4쪽 분량으로 연습하도록 구성하여 지치지 않게 꾸준히 학습하는 습관을
기를 수 있도록 하였습니다.

* 학기 구성의 예

4-1	4-2	5-1	5-2	6-1	6-2
큰 수	분수의 덧셈과 뺄셈	자연수의 혼합 계산	수의 범위와 어림하기	분수의 나눗셈	분수의 나눗셈
각도	삼각형	약수와 배수	분수의 곱셈	각기둥과 각뿔	소수의 나눗셈
곱셈과 나눗셈	소수의 덧셈과 뺄셈	규칙과 대응	합동과 대칭	소수의 나눗셈	공간과 입체
평면도형의 이동	사각형	약분과 통분	소수의 곱셈	비와 비율	비례식과 비례배분
막대그래프	꺾은선그래프	분수의 덧셈과 뺄셈	직육면체	여러 가지 그래프	원의 넓이
규칙 찾기	다각형	다각형의 둘레와 넓이	평균과 가능성	직육면체의 겉넓이와 부피	원기둥, 원뿔, 구

4학년에서 배우는 곱셈은 초등학교 곱셈의 끝판왕이에요.

4학년 곱셈을 완성하면 이후에 배울 분수의 곱셈과 소수의 곱셈도 거뜬히 해낼 수 있어요.

단단하게 자리 잡힌 곱셈 실력으로 어떤 곱셈 문제라도 충분히 해결해 보세요.

구성과 특징

출발!

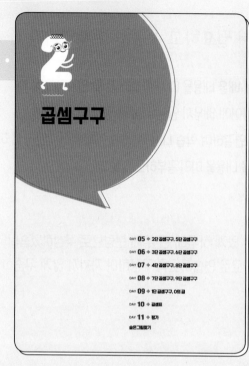

곱셈구구

DAY 05 ✦ 2단 곱셈구구, 5단 곱셈구구
DAY 06 ✦ 3단 곱셈구구, 6단 곱셈구구
DAY 07 ✦ 4단 곱셈구구, 8단 곱셈구구
DAY 08 ✦ 7단 곱셈구구, 9단 곱셈구구
DAY 09 ✦ 1단 곱셈구구, 0의 곱
DAY 10 ✦ 곱셈표
DAY 11 ✦ 평가
숨은그림찾기

1 공부할 내용을
미리 확인해요.

2 주제별 문제를 해결해요.

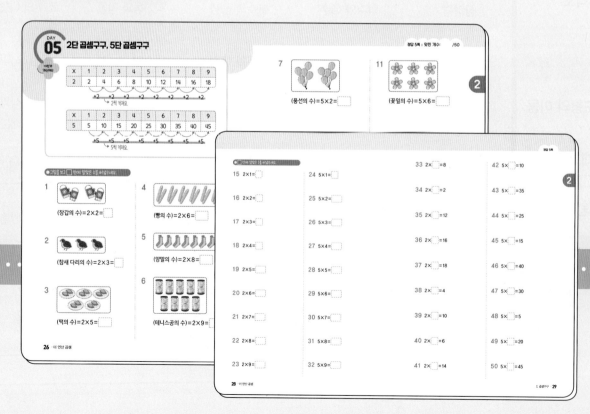

도착!

4

그림을 찾으며
잠시 쉬어 가요.

3 단원을 마무리해요.

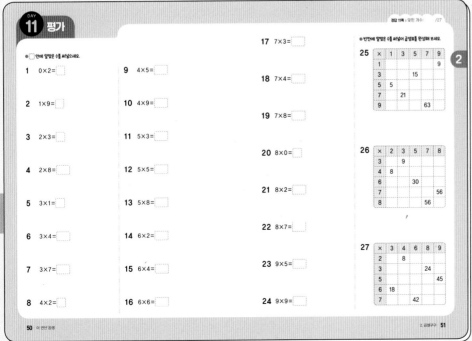

정답 11쪽

숨은그림 찾기 ☆

숨은 그림 8개를 찾아보세요.

52 더 연산 곱셈

DAY 11 평가

정답 11쪽 | 맞힌 개수: /27

● ☐ 안에 알맞은 수를 써넣으세요.

1 0×2=☐

2 1×9=☐

3 2×3=☐

4 2×8=☐

5 3×1=☐

6 3×4=☐

7 3×7=☐

8 4×2=☐

9 4×5=☐

10 4×9=☐

11 5×3=☐

12 5×5=☐

13 5×8=☐

14 6×2=☐

15 6×4=☐

16 6×6=☐

17 7×3=☐

18 7×4=☐

19 7×8=☐

20 8×0=☐

21 8×2=☐

22 8×7=☐

23 9×5=☐

24 9×9=☐

● 빈칸에 알맞은 수를 써넣어 곱셈표를 완성해 보세요.

25

×	1	3	5	7	9
1					9
3			15		
5	5				
7		21			
9				63	

26

×	2	3	5	7	8
3		9			
4	8				
6			30		
7					56
8			56		

27

×	3	4	6	8	9
2		8			
3				24	
5					45
6	18				
7			42		

50 더 연산 곱셈

2. 곱셈구구 51

차례

공부 습관, 하루를 쌓아요!

● 공부한 내용에 맞게 공부한 날짜를 적고, 만족한 정도만큼 ✓표 해요.

공부한 내용		공부한 날짜		✓ 확인 😄 🙂 🙁
DAY **01**	묶어 세기	월	일	☐ ☐ ☐
DAY **02**	몇의 몇 배	월	일	☐ ☐ ☐
DAY **03**	곱셈식	월	일	☐ ☐ ☐
DAY **04**	평가	월	일	☐ ☐ ☐
DAY **05**	2단 곱셈구구, 5단 곱셈구구	월	일	☐ ☐ ☐
DAY **06**	3단 곱셈구구, 6단 곱셈구구	월	일	☐ ☐ ☐
DAY **07**	4단 곱셈구구, 8단 곱셈구구	월	일	☐ ☐ ☐
DAY **08**	7단 곱셈구구, 9단 곱셈구구	월	일	☐ ☐ ☐
DAY **09**	1단 곱셈구구, 0의 곱	월	일	☐ ☐ ☐
DAY **10**	곱셈표	월	일	☐ ☐ ☐
DAY **11**	평가	월	일	☐ ☐ ☐
DAY **12**	(몇십)×(몇)	월	일	☐ ☐ ☐
DAY **13**	(몇십몇)×(몇): 올림이 없는 경우	월	일	☐ ☐ ☐
DAY **14**	(몇십몇)×(몇): 올림이 한 번 있는 경우	월	일	☐ ☐ ☐
DAY **15**	(몇십몇)×(몇): 올림이 두 번 있는 경우	월	일	☐ ☐ ☐
DAY **16**	평가	월	일	☐ ☐ ☐
DAY **17**	(세 자리 수)×(한 자리 수): 올림이 없는 경우	월	일	☐ ☐ ☐
DAY **18**	(세 자리 수)×(한 자리 수): 올림이 한 번 있는 경우	월	일	☐ ☐ ☐
DAY **19**	(세 자리 수)×(한 자리 수): 올림이 두 번 있는 경우	월	일	☐ ☐ ☐
DAY **20**	(세 자리 수)×(한 자리 수): 올림이 세 번 있는 경우	월	일	☐ ☐ ☐
DAY **21**	평가	월	일	☐ ☐ ☐
DAY **22**	(몇십)×(몇십), (몇십몇)×(몇십)	월	일	☐ ☐ ☐
DAY **23**	(몇)×(몇십몇): 올림이 없는 경우	월	일	☐ ☐ ☐
DAY **24**	(몇)×(몇십몇): 올림이 있는 경우	월	일	☐ ☐ ☐
DAY **25**	(몇십몇)×(몇십몇): 올림이 없는 경우	월	일	☐ ☐ ☐
DAY **26**	(몇십몇)×(몇십몇): 올림이 한 번 있는 경우	월	일	☐ ☐ ☐
DAY **27**	(몇십몇)×(몇십몇): 올림이 여러 번 있는 경우	월	일	☐ ☐ ☐
DAY **28**	평가	월	일	☐ ☐ ☐
DAY **29**	(몇백)×(몇십), (몇백몇십)×(몇십)	월	일	☐ ☐ ☐
DAY **30**	(세 자리 수)×(몇십)	월	일	☐ ☐ ☐
DAY **31**	(세 자리 수)×(두 자리 수)	월	일	☐ ☐ ☐
DAY **32**	평가	월	일	☐ ☐ ☐

곱셈

이렇게
계산해요

| 3 |
| 3 |
| 3 |
| 3 |

→

3씩 4묶음

3 — 6 — 9 — 12

↳ 12개

● 모두 몇 개인지 묶어 세어 보세요.

1

2 □ □ □

2씩 □ 묶음 → □ 개

2

2 □ □ □ □

2씩 □ 묶음 → □ 개

3

3 □ □

□ □ □

3씩 □ 묶음 → □ 개

4

4 □ □ □

4씩 □ 묶음 → □ 개

5

5 □ □ □

5씩 □ 묶음 → □ 개

6

7 □ □

7씩 □ 묶음 → □ 개

1

7

2씩 ☐ 묶음 ➜ ☐ 개

8

3씩 ☐ 묶음 ➜ ☐ 개

9

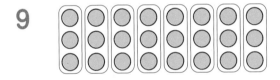

3씩 ☐ 묶음 ➜ ☐ 개

10

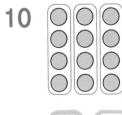

4씩 ☐ 묶음 ➜ ☐ 개

11

6씩 ☐ 묶음 ➜ ☐ 개

12

6씩 ☐ 묶음 ➜ ☐ 개

13

7씩 ☐ 묶음 ➜ ☐ 개

14

8씩 ☐ 묶음 ➜ ☐ 개

15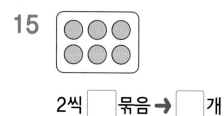

2씩 ☐ 묶음 ➡ ☐ 개

16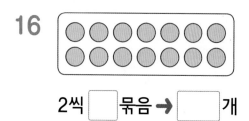

2씩 ☐ 묶음 ➡ ☐ 개

17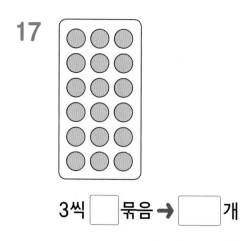

3씩 ☐ 묶음 ➡ ☐ 개

18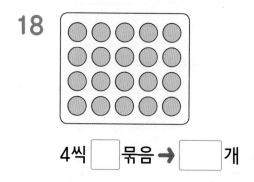

4씩 ☐ 묶음 ➡ ☐ 개

19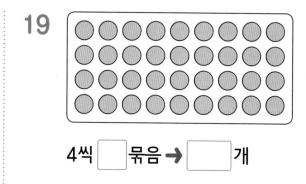

4씩 ☐ 묶음 ➡ ☐ 개

20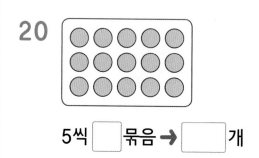

5씩 ☐ 묶음 ➡ ☐ 개

21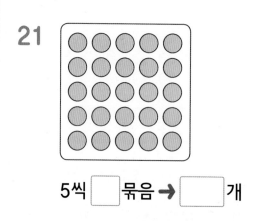

5씩 ☐ 묶음 ➡ ☐ 개

22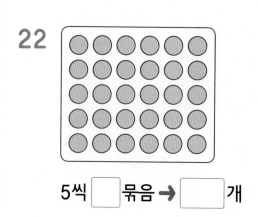

5씩 ☐ 묶음 ➡ ☐ 개

1

23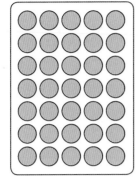

5씩 ☐ 묶음 → ☐ 개

24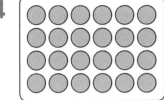

6씩 ☐ 묶음 → ☐ 개

25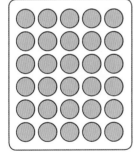

6씩 ☐ 묶음 → ☐ 개

26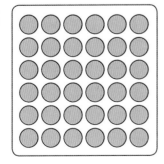

6씩 ☐ 묶음 → ☐ 개

27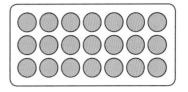

7씩 ☐ 묶음 → ☐ 개

28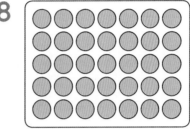

7씩 ☐ 묶음 → ☐ 개

29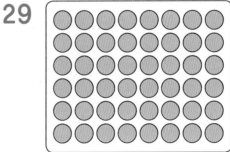

8씩 ☐ 묶음 → ☐ 개

30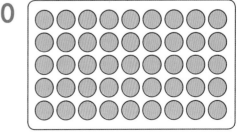

9씩 ☐ 묶음 → ☐ 개

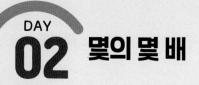

DAY 02 몇의 몇 배

이렇게
계산해요

2씩   4묶음   → 2의 4배

● 그림을 보고 ☐ 안에 알맞은 수를 써넣으세요.

1

2씩 ☐ 묶음

→ 2의 ☐ 배

2

3씩 ☐ 묶음

→ 3의 ☐ 배

3

3씩 ☐ 묶음

→ 3의 ☐ 배

4

4씩 ☐ 묶음

→ 4의 ☐ 배

5

4씩 ☐ 묶음

→ 4의 ☐ 배

6

7씩 ☐ 묶음

→ 7의 ☐ 배

1

7
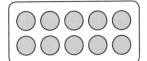

2씩 ☐ 묶음

➔ 2의 ☐ 배

8

3씩 ☐ 묶음

➔ 3의 ☐ 배

9
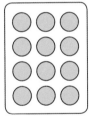

3씩 ☐ 묶음

➔ 3의 ☐ 배

10
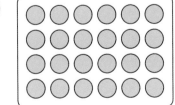

4씩 ☐ 묶음

➔ 4의 ☐ 배

11
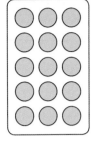

5씩 ☐ 묶음

➔ 5의 ☐ 배

12
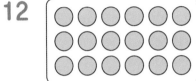

6씩 ☐ 묶음

➔ 6의 ☐ 배

13
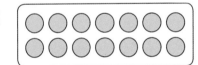

7씩 ☐ 묶음

➔ 7의 ☐ 배

14
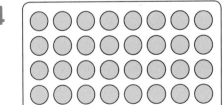

8씩 ☐ 묶음

➔ 8의 ☐ 배

15   2씩 2묶음

→ 2의 ☐ 배

16   2씩 6묶음

→ 2의 ☐ 배

17   2씩 7묶음

→ 2의 ☐ 배

18   2씩 9묶음

→ 2의 ☐ 배

19   3씩 2묶음

→ 3의 ☐ 배

20   3씩 8묶음

→ 3의 ☐ 배

21   3씩 9묶음

→ 3의 ☐ 배

22   4씩 2묶음

→ 4의 ☐ 배

23   4씩 4묶음

→ 4의 ☐ 배

24   4씩 7묶음

→ 4의 ☐ 배

25   4씩 9묶음

→ 4의 ☐ 배

26   5씩 5묶음

→ 5의 ☐ 배

27   5씩 6묶음

→ 5의 ☐ 배

28   5씩 8묶음

→ 5의 ☐ 배

29 6씩 2묶음

→ 6의 ☐ 배

30 6씩 4묶음

→ 6의 ☐ 배

31 6씩 9묶음

→ 6의 ☐ 배

32 7씩 4묶음

→ 7의 ☐ 배

33 7씩 5묶음

→ 7의 ☐ 배

34 7씩 7묶음

→ 7의 ☐ 배

35 7씩 8묶음

→ 7의 ☐ 배

36 8씩 3묶음

→ 8의 ☐ 배

37 8씩 5묶음

→ 8의 ☐ 배

38 8씩 6묶음

→ 8의 ☐ 배

39 8씩 9묶음

→ 8의 ☐ 배

40 9씩 2묶음

→ 9의 ☐ 배

41 9씩 4묶음

→ 9의 ☐ 배

42 9씩 7묶음

→ 9의 ☐ 배

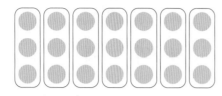

이렇게
계산해요

→ **덧셈식** 3+3+3+3+3+3+3=21

→ **곱셈식** 3×7=21

↳ 3 곱하기 7은 21과 같습니다.

● 그림을 보고 덧셈식과 곱셈식으로 나타내어 보세요.

1

덧셈식 ☐ + ☐ + ☐ + ☐

= ☐

곱셈식 ☐ × ☐ = ☐

3

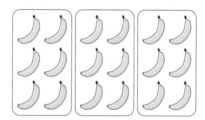

덧셈식 ☐ + ☐ + ☐

= ☐

곱셈식 ☐ × ☐ = ☐

2

덧셈식 ☐ + ☐ + ☐ + ☐

+ ☐ = ☐

곱셈식 ☐ × ☐ = ☐

4

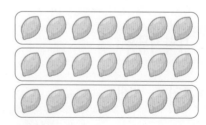

덧셈식 ☐ + ☐ + ☐

= ☐

곱셈식 ☐ × ☐ = ☐

1

● 몇의 몇 배를 덧셈식과 곱셈식으로 나타내어 보세요.

5 | 2의 3배

덧셈식 ☐ + ☐ + ☐ = ☐

곱셈식 ☐ × ☐ = ☐

6 | 3의 5배

덧셈식 ☐ + ☐ + ☐ + ☐

+ ☐ = ☐

곱셈식 ☐ × ☐ = ☐

7 | 4의 8배

덧셈식 ☐ + ☐ + ☐ + ☐

+ ☐ + ☐ + ☐ + ☐

= ☐

곱셈식 ☐ × ☐ = ☐

8 | 5의 7배

덧셈식 ☐ + ☐ + ☐ + ☐

+ ☐ + ☐ + ☐

= ☐

곱셈식 ☐ × ☐ = ☐

9 | 6의 4배

덧셈식 ☐ + ☐ + ☐ + ☐

= ☐

곱셈식 ☐ × ☐ = ☐

10 | 7의 9배

덧셈식 ☐ + ☐ + ☐ + ☐

+ ☐ + ☐ + ☐ + ☐

+ ☐ = ☐

곱셈식 ☐ × ☐ = ☐

11 | 8의 2배

덧셈식 ☐ + ☐ = ☐

곱셈식 ☐ × ☐ = ☐

12 | 9의 6배

덧셈식 ☐ + ☐ + ☐ + ☐

+ ☐ + ☐ = ☐

곱셈식 ☐ × ☐ = ☐

13 $2+2+2+2=$ ☐

→ ☐ × ☐ = ☐

14 $2+2+2+2+2=$ ☐

→ ☐ × ☐ = ☐

15 $2+2+2+2+2+2+2=$ ☐

→ ☐ × ☐ = ☐

16 $3+3+3=$ ☐

→ ☐ × ☐ = ☐

17 $3+3+3+3+3+3=$ ☐

→ ☐ × ☐ = ☐

18 $3+3+3+3+3+3+3+3$

= ☐

→ ☐ × ☐ = ☐

19 $4+4+4=$ ☐

→ ☐ × ☐ = ☐

20 $4+4+4+4+4+4+4=$ ☐

→ ☐ × ☐ = ☐

21 $4+4+4+4+4+4+4+4+4$

= ☐

→ ☐ × ☐ = ☐

22 $5+5+5+5=$ ☐

→ ☐ × ☐ = ☐

23 $5+5+5+5+5+5=$ ☐

→ ☐ × ☐ = ☐

24 $5+5+5+5+5+5+5+5+5$

= ☐

→ ☐ × ☐ = ☐

25   $6+6=\boxed{}$

➜ $\boxed{}×\boxed{}=\boxed{}$

31   $8+8+8=\boxed{}$

➜ $\boxed{}×\boxed{}=\boxed{}$

26   $6+6+6+6+6=\boxed{}$

➜ $\boxed{}×\boxed{}=\boxed{}$

32   $8+8+8+8=\boxed{}$

➜ $\boxed{}×\boxed{}=\boxed{}$

27   $6+6+6+6+6+6+6+6$
$=\boxed{}$

➜ $\boxed{}×\boxed{}=\boxed{}$

33   $8+8+8+8+8+8+8$
$=\boxed{}$

➜ $\boxed{}×\boxed{}=\boxed{}$

28   $7+7+7+7=\boxed{}$

➜ $\boxed{}×\boxed{}=\boxed{}$

34   $9+9+9=\boxed{}$

➜ $\boxed{}×\boxed{}=\boxed{}$

29   $7+7+7+7+7+7=\boxed{}$

➜ $\boxed{}×\boxed{}=\boxed{}$

35   $9+9+9+9+9=\boxed{}$

➜ $\boxed{}×\boxed{}=\boxed{}$

30   $7+7+7+7+7+7+7=\boxed{}$

➜ $\boxed{}×\boxed{}=\boxed{}$

36   $9+9+9+9+9+9+9+9+9$
$=\boxed{}$

➜ $\boxed{}×\boxed{}=\boxed{}$

● 모두 몇 개인지 묶어 세어 보세요.

1

2씩 ☐ 묶음 → ☐ 개

2

5씩 ☐ 묶음 → ☐ 개

3

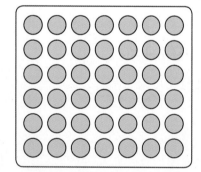

6씩 ☐ 묶음 → ☐ 개

4

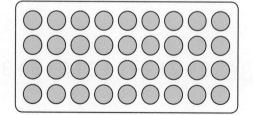

9씩 ☐ 묶음 → ☐ 개

● ☐ 안에 알맞은 수를 써넣으세요.

5

> 3씩 7묶음

→ 3의 ☐ 배

6

> 4씩 8묶음

→ 4의 ☐ 배

7

> 5씩 9묶음

→ 5의 ☐ 배

8

> 6씩 8묶음

→ 6의 ☐ 배

9

> 7씩 6묶음

→ 7의 ☐ 배

10

> 9씩 8묶음

→ 9의 ☐ 배

●몇의 몇 배를 덧셈식과 곱셈식으로 나타내어 보세요.

11 2의 4배

덧셈식 $\square + \square + \square + \square$

$= \square$

곱셈식 $\square \times \square = \square$

12 6의 5배

덧셈식 $\square + \square + \square + \square$

$+ \square = \square$

곱셈식 $\square \times \square = \square$

13 8의 6배

덧셈식 $\square + \square + \square + \square$

$+ \square + \square = \square$

곱셈식 $\square \times \square = \square$

14 9의 3배

덧셈식 $\square + \square + \square = \square$

곱셈식 $\square \times \square = \square$

●☐ 안에 알맞은 수를 써넣으세요.

15 $3 + 3 + 3 + 3 = \square$

→ $\square \times \square = \square$

16 $4 + 4 + 4 + 4 + 4 + 4 = \square$

→ $\square \times \square = \square$

17 $5 + 5 + 5 = \square$

→ $\square \times \square = \square$

18 $6 + 6 + 6 + 6 + 6 + 6 + 6 = \square$

→ $\square \times \square = \square$

19 $7 + 7 + 7 + 7 + 7 = \square$

→ $\square \times \square = \square$

20 $8 + 8 + 8 + 8 + 8 + 8 + 8 + 8$

$= \square$

→ $\square \times \square = \square$

>> 숨은 그림 8개를 찾아보세요.

곱셈구구

2단 곱셈구구, 5단 곱셈구구

이렇게 계산해요

X	1	2	3	4	5	6	7	8	9
2	2	4	6	8	10	12	14	16	18

+2 +2 +2 +2 +2 +2 +2 +2

↳ 2씩 커져요.

X	1	2	3	4	5	6	7	8	9
5	5	10	15	20	25	30	35	40	45

+5 +5 +5 +5 +5 +5 +5 +5

↳ 5씩 커져요.

● 그림을 보고 ☐ 안에 알맞은 수를 써넣으세요.

1

(장갑의 수)＝2×2＝☐

2

(참새 다리의 수)＝2×3＝☐

3

(떡의 수)＝2×5＝☐

4

(빵의 수)＝2×6＝☐

5

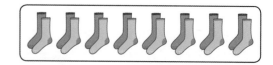

(양말의 수)＝2×8＝☐

6

(테니스공의 수)＝2×9＝☐

2

7

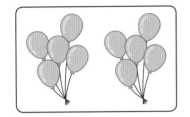

(풍선의 수)=5×2=☐

8

(감의 수)=5×3=☐

9

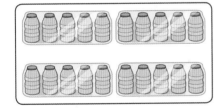

(요구르트의 수)=5×4=☐

10

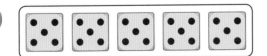

(주사위 눈의 수)=5×5=☐

11

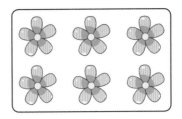

(꽃잎의 수)=5×6=☐

12

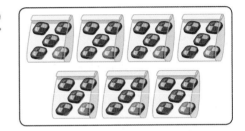

(쿠키의 수)=5×7=☐

13

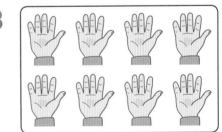

(손가락의 수)=5×8=☐

14

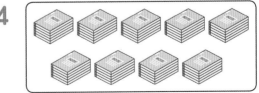

(공책의 수)=5×9=☐

15 $2 \times 1 =$ ☐

16 $2 \times 2 =$ ☐

17 $2 \times 3 =$ ☐

18 $2 \times 4 =$ ☐

19 $2 \times 5 =$ ☐

20 $2 \times 6 =$ ☐

21 $2 \times 7 =$ ☐

22 $2 \times 8 =$ ☐

23 $2 \times 9 =$ ☐

24 $5 \times 1 =$ ☐

25 $5 \times 2 =$ ☐

26 $5 \times 3 =$ ☐

27 $5 \times 4 =$ ☐

28 $5 \times 5 =$ ☐

29 $5 \times 6 =$ ☐

30 $5 \times 7 =$ ☐

31 $5 \times 8 =$ ☐

32 $5 \times 9 =$ ☐

33 $2 \times \boxed{} = 8$

34 $2 \times \boxed{} = 2$

35 $2 \times \boxed{} = 12$

36 $2 \times \boxed{} = 16$

37 $2 \times \boxed{} = 18$

38 $2 \times \boxed{} = 4$

39 $2 \times \boxed{} = 10$

40 $2 \times \boxed{} = 6$

41 $2 \times \boxed{} = 14$

42 $5 \times \boxed{} = 10$

43 $5 \times \boxed{} = 35$

44 $5 \times \boxed{} = 25$

45 $5 \times \boxed{} = 15$

46 $5 \times \boxed{} = 40$

47 $5 \times \boxed{} = 30$

48 $5 \times \boxed{} = 5$

49 $5 \times \boxed{} = 20$

50 $5 \times \boxed{} = 45$

2

이렇게
계산해요

X	1	2	3	4	5	6	7	8	9
3	3	6	9	12	15	18	21	24	27

+3 +3 +3 +3 +3 +3 +3 +3

3씩 커져요.

X	1	2	3	4	5	6	7	8	9
6	6	12	18	24	30	36	42	48	54

+6 +6 +6 +6 +6 +6 +6 +6

6씩 커져요.

● 그림을 보고 ⬜ 안에 알맞은 수를 써넣으세요.

1
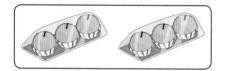

(배의 수)=3×2=⬜

2
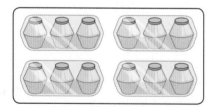

(우유의 수)=3×4=⬜

3

(자전거 바퀴의 수)=3×5=⬜

4
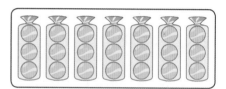

(사탕의 수)=3×7=⬜

5
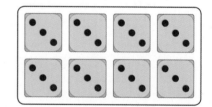

(주사위 눈의 수)=3×8=⬜

6

(꽃의 수)=3×9=⬜

2

7

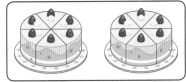

(케이크 조각의 수)=6×2=☐

8

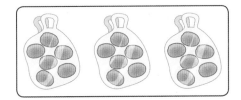

(감자의 수)=6×3=☐

9

(도넛의 수)=6×4=☐

10

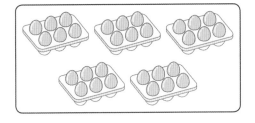

(달걀의 수)=6×5=☐

11

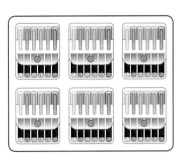

(형광펜의 수)=6×6=☐

12

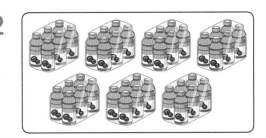

(음료수의 수)=6×7=☐

13

(개미 다리의 수)=6×8=☐

14

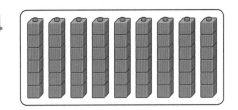

(모형의 수)=6×9=☐

15 $3 \times 1 =$ ☐

16 $3 \times 2 =$ ☐

17 $3 \times 3 =$ ☐

18 $3 \times 4 =$ ☐

19 $3 \times 5 =$ ☐

20 $3 \times 6 =$ ☐

21 $3 \times 7 =$ ☐

22 $3 \times 8 =$ ☐

23 $3 \times 9 =$ ☐

24 $6 \times 1 =$ ☐

25 $6 \times 2 =$ ☐

26 $6 \times 3 =$ ☐

27 $6 \times 4 =$ ☐

28 $6 \times 5 =$ ☐

29 $6 \times 6 =$ ☐

30 $6 \times 7 =$ ☐

31 $6 \times 8 =$ ☐

32 $6 \times 9 =$ ☐

33 $3 \times \boxed{} = 18$

34 $3 \times \boxed{} = 6$

35 $3 \times \boxed{} = 27$

36 $3 \times \boxed{} = 9$

37 $3 \times \boxed{} = 24$

38 $3 \times \boxed{} = 3$

39 $3 \times \boxed{} = 15$

40 $3 \times \boxed{} = 21$

41 $3 \times \boxed{} = 12$

42 $6 \times \boxed{} = 30$

43 $6 \times \boxed{} = 6$

44 $6 \times \boxed{} = 12$

45 $6 \times \boxed{} = 36$

46 $6 \times \boxed{} = 54$

47 $6 \times \boxed{} = 48$

48 $6 \times \boxed{} = 18$

49 $6 \times \boxed{} = 24$

50 $6 \times \boxed{} = 42$

이렇게
계산해요

X	1	2	3	4	5	6	7	8	9
4	4	8	12	16	20	24	28	32	36

+4 +4 +4 +4 +4 +4 +4 +4

4씩 커져요.

X	1	2	3	4	5	6	7	8	9
8	8	16	24	32	40	48	56	64	72

+8 +8 +8 +8 +8 +8 +8 +8

8씩 커져요.

❋ 그림을 보고 ☐ 안에 알맞은 수를 써넣으세요.

1

(자동차 바퀴의 수)=$4 \times 2 = $ ☐

2

(강아지 다리의 수)=$4 \times 3 = $ ☐

3
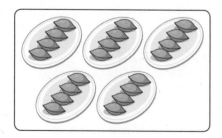

(떡의 수)=$4 \times 5 = $ ☐

4

(꽃잎의 수)=$4 \times 6 = $ ☐

5
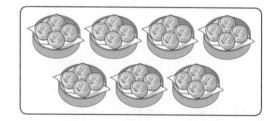

(만두의 수)=$4 \times 7 = $ ☐

6
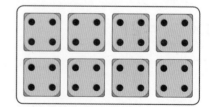

(주사위 눈의 수)=$4 \times 8 = $ ☐

7

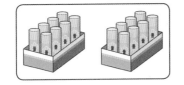

(풀의 수)=8×2=☐

8

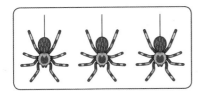

(거미 다리의 수)=8×3=☐

9

(빵의 수)=8×4=☐

10

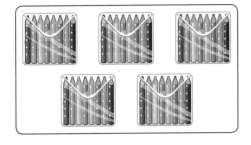

(색연필의 수)=8×5=☐

11

(문어 다리의 수)=8×6=☐

12

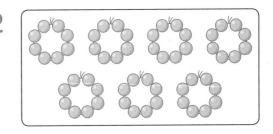

(구슬의 수)=8×7=☐

13

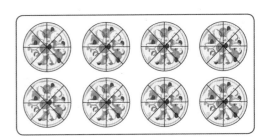

(피자 조각의 수)=8×8=☐

14

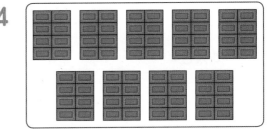

(초콜릿 조각의 수)=8×9=☐

15 $4 \times 1 =$ ☐

16 $4 \times 2 =$ ☐

17 $4 \times 3 =$ ☐

18 $4 \times 4 =$ ☐

19 $4 \times 5 =$ ☐

20 $4 \times 6 =$ ☐

21 $4 \times 7 =$ ☐

22 $4 \times 8 =$ ☐

23 $4 \times 9 =$ ☐

24 $8 \times 1 =$ ☐

25 $8 \times 2 =$ ☐

26 $8 \times 3 =$ ☐

27 $8 \times 4 =$ ☐

28 $8 \times 5 =$ ☐

29 $8 \times 6 =$ ☐

30 $8 \times 7 =$ ☐

31 $8 \times 8 =$ ☐

32 $8 \times 9 =$ ☐

33 $4 \times \boxed{} = 20$

34 $4 \times \boxed{} = 12$

35 $4 \times \boxed{} = 28$

36 $4 \times \boxed{} = 24$

37 $4 \times \boxed{} = 16$

38 $4 \times \boxed{} = 36$

39 $4 \times \boxed{} = 8$

40 $4 \times \boxed{} = 4$

41 $4 \times \boxed{} = 32$

42 $8 \times \boxed{} = 16$

43 $8 \times \boxed{} = 72$

44 $8 \times \boxed{} = 64$

45 $8 \times \boxed{} = 48$

46 $8 \times \boxed{} = 8$

47 $8 \times \boxed{} = 40$

48 $8 \times \boxed{} = 56$

49 $8 \times \boxed{} = 32$

50 $8 \times \boxed{} = 24$

이렇게 계산해요

X	1	2	3	4	5	6	7	8	9
7	7	14	21	28	35	42	49	56	63

+7 +7 +7 +7 +7 +7 +7 +7

7씩 커져요.

X	1	2	3	4	5	6	7	8	9
9	9	18	27	36	45	54	63	72	81

+9 +9 +9 +9 +9 +9 +9 +9

9씩 커져요.

● 그림을 보고 □ 안에 알맞은 수를 써넣으세요.

1
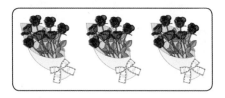

(꽃의 수)=7×3= □

2
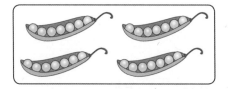

(콩의 수)=7×4= □

3
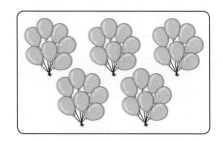

(풍선의 수)=7×5= □

4
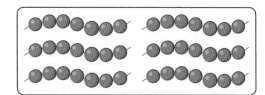

(구슬의 수)=7×6= □

5
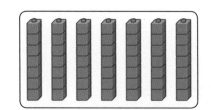

(모형의 수)=7×7= □

6
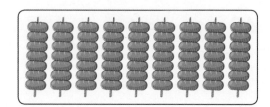

(소시지의 수)=7×9= □

2

7

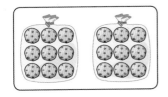

(쿠키의 수)=9×2=☐

8

(초콜릿의 수)=9×3=☐

9

(초의 수)=9×4=☐

10

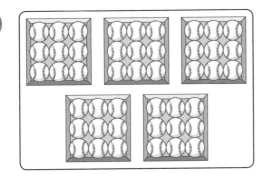

(야구공의 수)=9×5=☐

11

(연필의 수)=9×6=☐

12

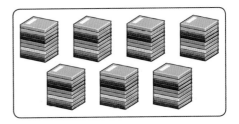

(책의 수)=9×7=☐

13

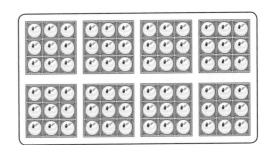

(떡의 수)=9×8=☐

14

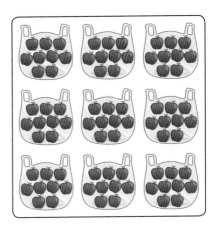

(사과의 수)=9×9=☐

15 $7 \times 1 =$ □

16 $7 \times 2 =$ □

17 $7 \times 3 =$ □

18 $7 \times 4 =$ □

19 $7 \times 5 =$ □

20 $7 \times 6 =$ □

21 $7 \times 7 =$ □

22 $7 \times 8 =$ □

23 $7 \times 9 =$ □

24 $9 \times 1 =$ □

25 $9 \times 2 =$ □

26 $9 \times 3 =$ □

27 $9 \times 4 =$ □

28 $9 \times 5 =$ □

29 $9 \times 6 =$ □

30 $9 \times 7 =$ □

31 $9 \times 8 =$ □

32 $9 \times 9 =$ □

2

33 $7 \times \boxed{} = 42$

34 $7 \times \boxed{} = 7$

35 $7 \times \boxed{} = 56$

36 $7 \times \boxed{} = 35$

37 $7 \times \boxed{} = 14$

38 $7 \times \boxed{} = 63$

39 $7 \times \boxed{} = 28$

40 $7 \times \boxed{} = 49$

41 $7 \times \boxed{} = 21$

42 $9 \times \boxed{} = 63$

43 $9 \times \boxed{} = 81$

44 $9 \times \boxed{} = 45$

45 $9 \times \boxed{} = 27$

46 $9 \times \boxed{} = 36$

47 $9 \times \boxed{} = 72$

48 $9 \times \boxed{} = 18$

49 $9 \times \boxed{} = 54$

50 $9 \times \boxed{} = 9$

이렇게
계산해요

1과 어떤 수의 곱은 항상 어떤 수 예요.

$$1 \times \blacksquare = \blacksquare$$

0과 어떤 수, 어떤 수와 0의 곱은 항상 0이에요.

$$0 \times \blacksquare = 0$$
$$\blacksquare \times 0 = 0$$

● 접시에 있는 사과의 수를 구해 보세요.

1

→ $1 \times 2 = $ ☐

2

→ $1 \times 3 = $ ☐

3

→ $1 \times 4 = $ ☐

4

→ $1 \times 5 = $ ☐

5

→ $1 \times 6 = $ ☐

6

→ $1 \times 7 = $ ☐

7

→ $1 \times 8 = $ ☐

8

→ 0×2=☐

9

→ 0×3=☐

10

→ 0×4=☐

11

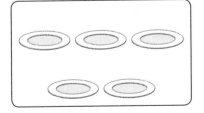

→ 0×5=☐

12

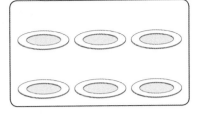

→ 0×6=☐

13

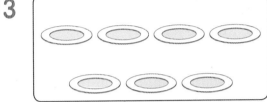

→ 0×7=☐

14

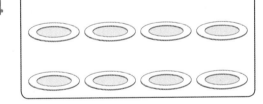

→ 0×8=☐

15

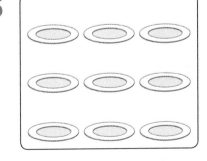

→ 0×9=☐

16 $1 \times 1 = \boxed{}$

17 $1 \times 2 = \boxed{}$

18 $1 \times 3 = \boxed{}$

19 $1 \times 4 = \boxed{}$

20 $1 \times 5 = \boxed{}$

21 $1 \times 6 = \boxed{}$

22 $1 \times 7 = \boxed{}$

23 $1 \times 8 = \boxed{}$

24 $1 \times 9 = \boxed{}$

25 $0 \times 1 = \boxed{}$

26 $0 \times 2 = \boxed{}$

27 $0 \times 3 = \boxed{}$

28 $0 \times 4 = \boxed{}$

29 $0 \times 5 = \boxed{}$

30 $0 \times 6 = \boxed{}$

31 $0 \times 7 = \boxed{}$

32 $0 \times 8 = \boxed{}$

33 $0 \times 9 = \boxed{}$

2

34 $1 \times \boxed{} = 3$

35 $1 \times \boxed{} = 9$

36 $1 \times \boxed{} = 2$

37 $1 \times \boxed{} = 7$

38 $1 \times \boxed{} = 4$

39 $1 \times \boxed{} = 8$

40 $1 \times \boxed{} = 5$

41 $1 \times \boxed{} = 1$

42 $1 \times \boxed{} = 6$

43 $1 \times 0 = \boxed{}$

44 $2 \times 0 = \boxed{}$

45 $3 \times 0 = \boxed{}$

46 $4 \times 0 = \boxed{}$

47 $5 \times 0 = \boxed{}$

48 $6 \times 0 = \boxed{}$

49 $7 \times 0 = \boxed{}$

50 $8 \times 0 = \boxed{}$

51 $9 \times 0 = \boxed{}$

이렇게 계산해요

×	0	1	2	3	4	5	6	7	8	9
0	0	0	0	0	0	0	0	0	0	0
1	0	1	2	3	4	5	6	7	8	9
2	0	2	4	6	8	10	12	14	16	18
3	0	3	6	9	12	15	18	21	24	27
4	0	4	8	12	16	20	24	28	32	36
5	0	5	10	15	20	25	30	35	40	45
6	0	6	12	18	24	30	36	42	48	54
7	0	7	14	21	28	35	42	49	56	63
8	0	8	16	24	32	40	48	56	64	72
9	0	9	18	27	36	45	54	63	72	81

$7 \times 8 = 8 \times 7$

곱하는 두 수를 바꾸어도 계산 결과는 같아요.

■단 곱셈구구는 곱이 ■씩 커져요.

●빈칸에 알맞은 수를 써넣어 곱셈표를 완성해 보세요.

1

×	1	2	3	4	5
1					

2

×	5	6	7	8	9
1					

3

×	1	3	5	7	9
2					

4

×	2	4	5	6	8
2					

5

×	1	2	3	4	5
3					

6

×	5	6	7	8	9
3					

2

7

×	1	3	5	7	9
4					

8

×	2	4	6	7	8
4					

9

×	1	2	3	4	5
5					

10

×	5	6	7	8	9
5					

11

×	1	4	5	7	8
6					

12

×	2	3	6	8	9
6					

13

×	1	2	3	4	5
7					

14

×	2	6	7	8	9
7					

15

×	1	2	3	4	5
8					

16

×	4	6	7	8	9
8					

17

×	1	2	4	7	8
9					

18

×	3	5	6	8	9
9					

19

×	1	2	3	4	5
1	1				
2			6		
3				12	
4		8			
5					25

22

×	1	2	3	4	5
2		4			
3				12	
4			12		
5					25
6	6				

20

×	3	4	5	6	7
1			5		
2					14
3	9				
4		16			
5				30	

23

×	1	2	3	4	5
4				16	
5	5				
6					30
7			21		
8		16			

21

×	5	6	7	8	9
1					9
2		12			
3			24		
4	20				
5			35		

24

×	1	2	3	4	5
5				20	
6	6				
7			21		
8		16			
9					45

25

×	2	3	5	6	8
1	2				
3		9			
4			20		
7				42	
9					72

28

×	2	4	7	8	9
2			14		
3		12			
5				40	
7					63
8	16				

26

×	3	5	7	8	9
2				16	
3	9				
6					54
7			49		
9		45			

29

×	1	4	5	6	7
3				18	
4	4				
6			30		
8					56
9		36			

27

×	1	3	4	6	7
3		9			
4				24	
5			20		
8	8				
9					63

30

×	3	6	7	8	9
1					9
2				16	
4	12				
5		30			
8			56		

● ☐ 안에 알맞은 수를 써넣으세요.

1 $0 \times 2 =$ ☐

2 $1 \times 9 =$ ☐

3 $2 \times 3 =$ ☐

4 $2 \times 8 =$ ☐

5 $3 \times 1 =$ ☐

6 $3 \times 4 =$ ☐

7 $3 \times 7 =$ ☐

8 $4 \times 2 =$ ☐

9 $4 \times 5 =$ ☐

10 $4 \times 9 =$ ☐

11 $5 \times 3 =$ ☐

12 $5 \times 5 =$ ☐

13 $5 \times 8 =$ ☐

14 $6 \times 2 =$ ☐

15 $6 \times 4 =$ ☐

16 $6 \times 6 =$ ☐

17 $7 \times 3 =$ ☐

18 $7 \times 4 =$ ☐

19 $7 \times 8 =$ ☐

20 $8 \times 0 =$ ☐

21 $8 \times 2 =$ ☐

22 $8 \times 7 =$ ☐

23 $9 \times 5 =$ ☐

24 $9 \times 9 =$ ☐

❋ 빈칸에 알맞은 수를 써넣어 곱셈표를 완성해 보세요.

25

×	1	3	5	7	9
1					9
3			15		
5	5				
7		21			
9				63	

26

×	2	3	5	7	8
3		9			
4	8				
6			30		
7					56
8				56	

27

×	3	4	6	8	9
2		8			
3				24	
5					45
6	18				
7			42		

>> 숨은 그림 8개를 찾아보세요.

3

(두 자리 수)
×(한 자리 수)

DAY 12 (몇십)×(몇)

20×3의 계산

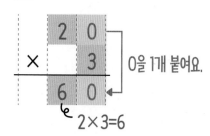

$2×3=6$

0을 1개 붙여요.

$20×3=60$

0을 1개 붙여요.

$2×3=6$

● 계산해 보세요.

1

```
    1 0
  ×   2
  ─────
```

2

```
    2 0
  ×   8
  ─────
```

3

```
    3 0
  ×   4
  ─────
```

4

```
    4 0
  ×   7
  ─────
```

5

```
    5 0
  ×   6
  ─────
```

6

```
    6 0
  ×   3
  ─────
```

7

```
    7 0
  ×   9
  ─────
```

8

```
    8 0
  ×   5
  ─────
```

9   $10 \times 4 = \boxed{}0$

10 $20 \times 4 = \boxed{}0$

11 $30 \times 6 = \boxed{}0$

12 $30 \times 8 = \boxed{}0$

13 $40 \times 9 = \boxed{}0$

14 $50 \times 5 = \boxed{}0$

15 $60 \times 9 = \boxed{}0$

16 $70 \times 4 = \boxed{}0$

17 $70 \times 6 = \boxed{}0$

18 $80 \times 2 = \boxed{}0$

19 $90 \times 3 = \boxed{}0$

20 $90 \times 8 = \boxed{}0$

3

21
```
     1   0
  ×      3
  _____
```

22
```
     1   0
  ×      6
  _____
```

23
```
     1   0
  ×      8
  _____
```

24
```
     2   0
  ×      2
  _____
```

25
```
     2   0
  ×      5
  _____
```

26
```
     2   0
  ×      9
  _____
```

27
```
     3   0
  ×      2
  _____
```

28
```
     3   0
  ×      3
  _____
```

29
```
     3   0
  ×      7
  _____
```

30
```
     4   0
  ×      4
  _____
```

31
```
     4   0
  ×      5
  _____
```

32
```
     4   0
  ×      8
  _____
```

33 $50 \times 3 =$

34 $50 \times 4 =$

35 $50 \times 9 =$

36 $60 \times 2 =$

37 $60 \times 4 =$

38 $60 \times 7 =$

39 $60 \times 8 =$

40 $70 \times 2 =$

41 $70 \times 3 =$

42 $70 \times 8 =$

43 $80 \times 4 =$

44 $80 \times 8 =$

45 $80 \times 9 =$

46 $90 \times 2 =$

47 $90 \times 5 =$

48 $90 \times 7 =$

3

DAY 13

(몇십몇)×(몇)
: 올림이 없는 경우

이렇게 계산해요

12×3의 계산

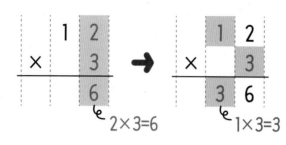

2×3=6 → 1×3=3

● 계산해 보세요.

1

```
    1 1
×     2
─────────
```

5

```
    1 3
×     2
─────────
```

2

```
    1 1
×     7
─────────
```

6

```
    1 4
×     2
─────────
```

3

```
    1 2
×     2
─────────
```

7

```
    2 1
×     2
─────────
```

4

```
    1 2
×     4
─────────
```

8

```
    2 1
×     4
─────────
```

9

$$\begin{array}{r} 2\ 2 \\ \times\quad 3 \\ \hline \end{array}$$

10

$$\begin{array}{r} 2\ 2 \\ \times\quad 4 \\ \hline \end{array}$$

11

$$\begin{array}{r} 2\ 3 \\ \times\quad 3 \\ \hline \end{array}$$

12

$$\begin{array}{r} 2\ 4 \\ \times\quad 2 \\ \hline \end{array}$$

13

$$\begin{array}{r} 3\ 1 \\ \times\quad 2 \\ \hline \end{array}$$

14

$$\begin{array}{r} 3\ 1 \\ \times\quad 3 \\ \hline \end{array}$$

15

$$\begin{array}{r} 3\ 2 \\ \times\quad 2 \\ \hline \end{array}$$

16

$$\begin{array}{r} 3\ 3 \\ \times\quad 2 \\ \hline \end{array}$$

17

$$\begin{array}{r} 3\ 3 \\ \times\quad 3 \\ \hline \end{array}$$

18

$$\begin{array}{r} 4\ 1 \\ \times\quad 2 \\ \hline \end{array}$$

19

$$\begin{array}{r} 4\ 2 \\ \times\quad 2 \\ \hline \end{array}$$

20

$$\begin{array}{r} 4\ 4 \\ \times\quad 2 \\ \hline \end{array}$$

3

21
$$\begin{array}{r} 1\ 1 \\ \times \quad 2 \\ \hline \end{array}$$

22
$$\begin{array}{r} 1\ 1 \\ \times \quad 3 \\ \hline \end{array}$$

23
$$\begin{array}{r} 1\ 1 \\ \times \quad 4 \\ \hline \end{array}$$

24
$$\begin{array}{r} 1\ 1 \\ \times \quad 5 \\ \hline \end{array}$$

25
$$\begin{array}{r} 1\ 1 \\ \times \quad 6 \\ \hline \end{array}$$

26
$$\begin{array}{r} 1\ 1 \\ \times \quad 8 \\ \hline \end{array}$$

27
$$\begin{array}{r} 1\ 1 \\ \times \quad 9 \\ \hline \end{array}$$

28
$$\begin{array}{r} 1\ 2 \\ \times \quad 2 \\ \hline \end{array}$$

29
$$\begin{array}{r} 1\ 2 \\ \times \quad 3 \\ \hline \end{array}$$

30
$$\begin{array}{r} 1\ 2 \\ \times \quad 4 \\ \hline \end{array}$$

31
$$\begin{array}{r} 1\ 3 \\ \times \quad 2 \\ \hline \end{array}$$

32
$$\begin{array}{r} 1\ 3 \\ \times \quad 3 \\ \hline \end{array}$$

33 $21 \times 2 =$

34 $21 \times 3 =$

35 $21 \times 4 =$

36 $22 \times 2 =$

37 $22 \times 3 =$

38 $22 \times 4 =$

39 $23 \times 2 =$

40 $23 \times 3 =$

41 $31 \times 2 =$

42 $31 \times 3 =$

43 $32 \times 2 =$

44 $32 \times 3 =$

45 $34 \times 2 =$

46 $41 \times 2 =$

47 $42 \times 2 =$

48 $43 \times 2 =$

3

DAY 14 (몇십몇)×(몇)

: 올림이 한 번 있는 경우

이렇게 계산해요

● 26×3의 계산

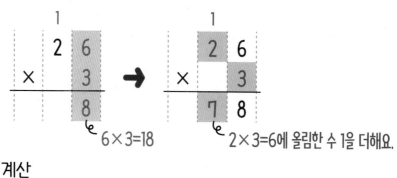

● 41×6의 계산

● 계산해 보세요.

1

		1	2
×			8

2

		1	4
×			7

3

		2	3
×			4

4

		2	7
×			3

5

		2	8
×			2

6

		3	9
×			2

7

```
    4  1
×      8
─────────
```

8

```
    4  2
×      4
─────────
```

9

```
    5  1
×      6
─────────
```

10

```
    5  4
×      2
─────────
```

11

```
    6  1
×      7
─────────
```

12

```
    6  2
×      4
─────────
```

13

```
    7  1
×      8
─────────
```

14

```
    7  2
×      3
─────────
```

15

```
    8  1
×      5
─────────
```

16

```
    8  3
×      3
─────────
```

17

```
    9  1
×      9
─────────
```

18

```
    9  2
×      4
─────────
```

19
```
    1 2
  ×   5
  ─────
```

20
```
    1 3
  ×   7
  ─────
```

21
```
    1 6
  ×   6
  ─────
```

22
```
    1 7
  ×   3
  ─────
```

23
```
    1 8
  ×   5
  ─────
```

24
```
    1 9
  ×   2
  ─────
```

25
```
    2 1
  ×   5
  ─────
```

26
```
    2 1
  ×   6
  ─────
```

27
```
    2 1
  ×   7
  ─────
```

28
```
    2 1
  ×   8
  ─────
```

29
```
    2 1
  ×   9
  ─────
```

30
```
    3 1
  ×   4
  ─────
```

31 $35 \times 2 =$

32 $36 \times 2 =$

33 $37 \times 2 =$

34 $38 \times 2 =$

35 $46 \times 2 =$

36 $47 \times 2 =$

37 $48 \times 2 =$

38 $49 \times 2 =$

39 $51 \times 9 =$

40 $61 \times 5 =$

41 $63 \times 3 =$

42 $74 \times 2 =$

43 $81 \times 7 =$

44 $82 \times 4 =$

45 $91 \times 6 =$

46 $93 \times 3 =$

3

(몇십몇)×(몇)
: 올림이 두 번 있는 경우

36×4의 계산

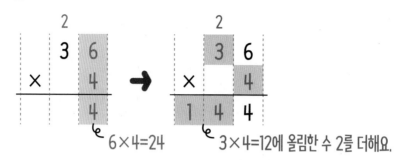

6×4=24   3×4=12에 올림한 수 2를 더해요.

● 계산해 보세요.

1

	2	2
×		7

2

	2	3
×		9

3

	2	5
×		6

4

	3	4
×		5

5

	3	7
×		4

6

	4	3
×		8

7

	4	6
×		3

8

	4	8
×		7

9

	5	5
×		5

10

	5	8
×		2

11

	5	9
×		6

12

	6	4
×		3

13

	6	6
×		7

14

	7	3
×		4

15

	7	6
×		2

16

	7	8
×		9

17

	8	5
×		3

18

	8	6
×		5

19

	9	2
×		8

20

	9	7
×		4

21

$$\begin{array}{r} 2\ 4 \\ \times\quad 5 \\ \hline \end{array}$$

22

$$\begin{array}{r} 2\ 6 \\ \times\quad 6 \\ \hline \end{array}$$

23

$$\begin{array}{r} 2\ 8 \\ \times\quad 7 \\ \hline \end{array}$$

24

$$\begin{array}{r} 2\ 9 \\ \times\quad 9 \\ \hline \end{array}$$

25

$$\begin{array}{r} 3\ 2 \\ \times\quad 6 \\ \hline \end{array}$$

26

$$\begin{array}{r} 3\ 3 \\ \times\quad 4 \\ \hline \end{array}$$

27

$$\begin{array}{r} 3\ 5 \\ \times\quad 9 \\ \hline \end{array}$$

28

$$\begin{array}{r} 3\ 8 \\ \times\quad 6 \\ \hline \end{array}$$

29

$$\begin{array}{r} 4\ 4 \\ \times\quad 8 \\ \hline \end{array}$$

30

$$\begin{array}{r} 4\ 5 \\ \times\quad 5 \\ \hline \end{array}$$

31

$$\begin{array}{r} 4\ 7 \\ \times\quad 5 \\ \hline \end{array}$$

32

$$\begin{array}{r} 4\ 9 \\ \times\quad 3 \\ \hline \end{array}$$

3

33 $52 \times 7 =$

34 $53 \times 5 =$

35 $57 \times 3 =$

36 $62 \times 7 =$

37 $63 \times 8 =$

38 $67 \times 2 =$

39 $72 \times 9 =$

40 $74 \times 4 =$

41 $77 \times 5 =$

42 $78 \times 6 =$

43 $83 \times 7 =$

44 $84 \times 6 =$

45 $85 \times 5 =$

46 $93 \times 7 =$

47 $94 \times 6 =$

48 $99 \times 3 =$

● 계산해 보세요.

1
$$\begin{array}{r} 1\ 1 \\ \times \quad 6 \\ \hline \end{array}$$

2
$$\begin{array}{r} 1\ 3 \\ \times \quad 3 \\ \hline \end{array}$$

3
$$\begin{array}{r} 1\ 6 \\ \times \quad 7 \\ \hline \end{array}$$

4
$$\begin{array}{r} 1\ 7 \\ \times \quad 4 \\ \hline \end{array}$$

5
$$\begin{array}{r} 2\ 0 \\ \times \quad 7 \\ \hline \end{array}$$

6
$$\begin{array}{r} 2\ 1 \\ \times \quad 4 \\ \hline \end{array}$$

7
$$\begin{array}{r} 2\ 5 \\ \times \quad 5 \\ \hline \end{array}$$

8
$$\begin{array}{r} 3\ 0 \\ \times \quad 5 \\ \hline \end{array}$$

9
$$\begin{array}{r} 3\ 3 \\ \times \quad 3 \\ \hline \end{array}$$

10
$$\begin{array}{r} 3\ 7 \\ \times \quad 6 \\ \hline \end{array}$$

11 $39 \times 2 =$

12 $40 \times 6 =$

13 $44 \times 2 =$

14 $45 \times 2 =$

15 $50 \times 8 =$

16 $54 \times 3 =$

17 $61 \times 9 =$

18 $62 \times 8 =$

19 $71 \times 5 =$

20 $78 \times 3 =$

21 $80 \times 7 =$

22 $86 \times 4 =$

23 $90 \times 9 =$

24 $91 \times 4 =$

>> 숨은 그림 8개를 찾아보세요.

(세 자리 수)
×(한 자리 수)

(세 자리 수)×(한 자리 수)
: 올림이 없는 경우

이렇게 계산해요

123×2의 계산

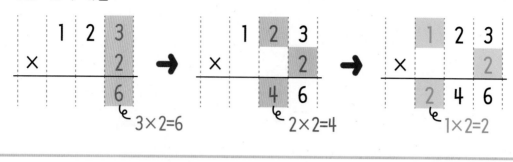

계산해 보세요.

1

```
    1  1  1
×         5
─────────────
```

5

```
    1  2  2
×         3
─────────────
```

2

```
    1  1  2
×         4
─────────────
```

6

```
    1  3  2
×         3
─────────────
```

3

```
    1  1  3
×         3
─────────────
```

7

```
    1  3  3
×         2
─────────────
```

4

```
    1  2  1
×         4
─────────────
```

8

```
    1  4  2
×         2
─────────────
```

9

	2	1	1
×			4

10

	2	1	2
×			3

11

	2	1	3
×			2

12

	2	2	2
×			4

13

	2	3	3
×			3

14

	2	3	4
×			2

15

	3	1	2
×			3

16

	3	1	4
×			2

17

	3	2	2
×			2

18

	3	3	1
×			3

19

	4	1	1
×			2

20

	4	2	1
×			2

21

$$
\begin{array}{r}
1\ 1\ 1 \\
\times \qquad 7 \\
\hline
\end{array}
$$

22

$$
\begin{array}{r}
1\ 1\ 2 \\
\times \qquad 3 \\
\hline
\end{array}
$$

23

$$
\begin{array}{r}
1\ 1\ 3 \\
\times \qquad 2 \\
\hline
\end{array}
$$

24

$$
\begin{array}{r}
1\ 1\ 4 \\
\times \qquad 2 \\
\hline
\end{array}
$$

25

$$
\begin{array}{r}
1\ 2\ 1 \\
\times \qquad 2 \\
\hline
\end{array}
$$

26

$$
\begin{array}{r}
1\ 2\ 2 \\
\times \qquad 4 \\
\hline
\end{array}
$$

27

$$
\begin{array}{r}
1\ 2\ 3 \\
\times \qquad 3 \\
\hline
\end{array}
$$

28

$$
\begin{array}{r}
1\ 2\ 4 \\
\times \qquad 2 \\
\hline
\end{array}
$$

29

$$
\begin{array}{r}
1\ 3\ 1 \\
\times \qquad 3 \\
\hline
\end{array}
$$

30

$$
\begin{array}{r}
1\ 3\ 3 \\
\times \qquad 3 \\
\hline
\end{array}
$$

31

$$
\begin{array}{r}
1\ 4\ 1 \\
\times \qquad 2 \\
\hline
\end{array}
$$

32

$$
\begin{array}{r}
1\ 4\ 3 \\
\times \qquad 2 \\
\hline
\end{array}
$$

4

33 $211 \times 3 =$

34 $212 \times 4 =$

35 $214 \times 2 =$

36 $221 \times 4 =$

37 $222 \times 3 =$

38 $223 \times 3 =$

39 $244 \times 2 =$

40 $311 \times 3 =$

41 $312 \times 2 =$

42 $313 \times 3 =$

43 $323 \times 2 =$

44 $332 \times 3 =$

45 $413 \times 2 =$

46 $422 \times 2 =$

47 $431 \times 2 =$

48 $444 \times 2 =$

(세 자리 수)×(한 자리 수)

: 올림이 한 번 있는 경우

이렇게 계산해요

136×2의 계산

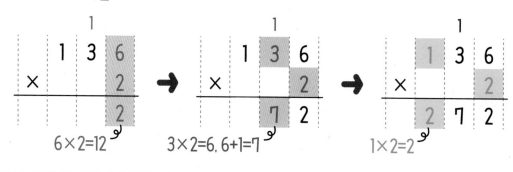

● 계산해 보세요.

1

	1	1	2
×			8

2

	1	2	3
×			4

3

	1	2	7
×			3

4

	1	4	5
×			2

5

	2	1	5
×			3

6

	2	1	6
×			4

7

	2	3	9
×			2

8

	2	4	7
×			2

9
$$\begin{array}{r} 2\ 5\ 3 \\ \times \qquad 3 \\ \hline \end{array}$$

10
$$\begin{array}{r} 2\ 8\ 4 \\ \times \qquad 2 \\ \hline \end{array}$$

11
$$\begin{array}{r} 3\ 6\ 4 \\ \times \qquad 2 \\ \hline \end{array}$$

12
$$\begin{array}{r} 3\ 7\ 2 \\ \times \qquad 2 \\ \hline \end{array}$$

13
$$\begin{array}{r} 3\ 8\ 4 \\ \times \qquad 2 \\ \hline \end{array}$$

14
$$\begin{array}{r} 4\ 6\ 1 \\ \times \qquad 2 \\ \hline \end{array}$$

15
$$\begin{array}{r} 5\ 1\ 4 \\ \times \qquad 2 \\ \hline \end{array}$$

16
$$\begin{array}{r} 6\ 2\ 2 \\ \times \qquad 4 \\ \hline \end{array}$$

17
$$\begin{array}{r} 7\ 1\ 1 \\ \times \qquad 5 \\ \hline \end{array}$$

18
$$\begin{array}{r} 7\ 2\ 4 \\ \times \qquad 2 \\ \hline \end{array}$$

19
$$\begin{array}{r} 8\ 3\ 3 \\ \times \qquad 3 \\ \hline \end{array}$$

20
$$\begin{array}{r} 9\ 2\ 1 \\ \times \qquad 4 \\ \hline \end{array}$$

4

21
$$\begin{array}{r} 1\ 1\ 3 \\ \times\qquad 7 \\ \hline \end{array}$$

27
$$\begin{array}{r} 1\ 4\ 7 \\ \times\qquad 2 \\ \hline \end{array}$$

22
$$\begin{array}{r} 1\ 1\ 6 \\ \times\qquad 6 \\ \hline \end{array}$$

28
$$\begin{array}{r} 2\ 1\ 4 \\ \times\qquad 3 \\ \hline \end{array}$$

23
$$\begin{array}{r} 1\ 2\ 4 \\ \times\qquad 4 \\ \hline \end{array}$$

29
$$\begin{array}{r} 2\ 1\ 4 \\ \times\qquad 4 \\ \hline \end{array}$$

24
$$\begin{array}{r} 1\ 2\ 5 \\ \times\qquad 3 \\ \hline \end{array}$$

30
$$\begin{array}{r} 2\ 2\ 3 \\ \times\qquad 4 \\ \hline \end{array}$$

25
$$\begin{array}{r} 1\ 2\ 9 \\ \times\qquad 2 \\ \hline \end{array}$$

31
$$\begin{array}{r} 2\ 3\ 5 \\ \times\qquad 2 \\ \hline \end{array}$$

26
$$\begin{array}{r} 1\ 3\ 8 \\ \times\qquad 2 \\ \hline \end{array}$$

32
$$\begin{array}{r} 2\ 3\ 7 \\ \times\qquad 2 \\ \hline \end{array}$$

33 242×3=

34 281×2=

35 351×2=

36 373×2=

37 382×2=

38 463×2=

39 484×2=

40 491×2=

41 521×4=

42 542×2=

43 622×3=

44 642×2=

45 711×7=

46 723×3=

47 834×2=

48 911×9=

(세 자리 수)×(한 자리 수)

: 올림이 두 번 있는 경우

367×2의 계산

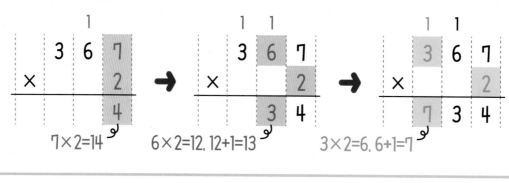

$7×2=14$　　　$6×2=12, 12+1=13$　　　$3×2=6, 6+1=7$

● 계산해 보세요.

1

	1	2	3
×			6

2

	1	3	5
×			4

3

	1	3	6
×			5

4

	2	3	4
×			4

5

	2	4	3
×			4

6

	2	5	4
×			3

7

	2	7	6
×			2

8

	2	8	9
×			2

9

$$\begin{array}{r} 3\ 1\ 5 \\ \times\quad\ \ 6 \\ \hline \end{array}$$

10

$$\begin{array}{r} 3\ 1\ 6 \\ \times\quad\ \ 4 \\ \hline \end{array}$$

11

$$\begin{array}{r} 4\ 1\ 9 \\ \times\quad\ \ 4 \\ \hline \end{array}$$

12

$$\begin{array}{r} 4\ 2\ 5 \\ \times\quad\ \ 3 \\ \hline \end{array}$$

13

$$\begin{array}{r} 5\ 2\ 4 \\ \times\quad\ \ 3 \\ \hline \end{array}$$

14

$$\begin{array}{r} 5\ 3\ 9 \\ \times\quad\ \ 2 \\ \hline \end{array}$$

15

$$\begin{array}{r} 6\ 3\ 1 \\ \times\quad\ \ 8 \\ \hline \end{array}$$

16

$$\begin{array}{r} 7\ 4\ 3 \\ \times\quad\ \ 3 \\ \hline \end{array}$$

17

$$\begin{array}{r} 7\ 6\ 2 \\ \times\quad\ \ 4 \\ \hline \end{array}$$

18

$$\begin{array}{r} 8\ 5\ 3 \\ \times\quad\ \ 2 \\ \hline \end{array}$$

19

$$\begin{array}{r} 8\ 9\ 1 \\ \times\quad\ \ 9 \\ \hline \end{array}$$

20

$$\begin{array}{r} 9\ 6\ 3 \\ \times\quad\ \ 3 \\ \hline \end{array}$$

4

21
```
    1  2  7
×         7
_____
```

22
```
    1  2  9
×         5
_____
```

23
```
    1  3  2
×         5
_____
```

24
```
    1  4  7
×         3
_____
```

25
```
    1  4  8
×         6
_____
```

26
```
    1  5  6
×         3
_____
```

27
```
    2  1  2
×         7
_____
```

28
```
    2  1  6
×         6
_____
```

29
```
    3  1  8
×         4
_____
```

30
```
    3  2  4
×         4
_____
```

31
```
    3  4  2
×         4
_____
```

32
```
    3  8  1
×         4
_____
```

33 $381 \times 5 =$

34 $412 \times 7 =$

35 $456 \times 2 =$

36 $486 \times 2 =$

37 $515 \times 4 =$

38 $542 \times 3 =$

39 $581 \times 3 =$

40 $613 \times 6 =$

41 $632 \times 4 =$

42 $672 \times 2 =$

43 $751 \times 3 =$

44 $792 \times 4 =$

45 $836 \times 2 =$

46 $863 \times 2 =$

47 $917 \times 3 =$

48 $951 \times 4 =$

4

(세 자리 수)×(한 자리 수)

: 올림이 세 번 있는 경우

이렇게 계산해요

678×2의 계산

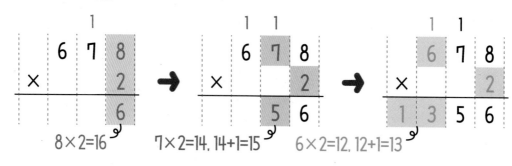

$8×2=16$ $7×2=14, 14+1=15$ $6×2=12, 12+1=13$

● 계산해 보세요.

1

	2	3	4
×			5

2

	2	5	7
×			6

3

	3	6	3
×			4

4

	3	8	5
×			6

5

	4	4	7
×			3

6

	4	6	2
×			5

7

	5	3	9
×			4

8

	5	6	7
×			2

9

	5	8	4
×			3

10

	6	2	2
×			5

11

	6	4	8
×			3

12

	6	6	9
×			7

13

	7	4	7
×			3

14

	7	5	3
×			4

15

	8	4	8
×			6

16

	8	5	5
×			3

17

	8	9	6
×			4

18

	9	2	4
×			9

19

	9	4	6
×			3

20

	9	8	7
×			8

21
$$\begin{array}{r} 2\ 4\ 6 \\ \times\qquad 8 \\ \hline \end{array}$$

22
$$\begin{array}{r} 2\ 5\ 8 \\ \times\qquad 5 \\ \hline \end{array}$$

23
$$\begin{array}{r} 2\ 7\ 8 \\ \times\qquad 7 \\ \hline \end{array}$$

24
$$\begin{array}{r} 2\ 8\ 2 \\ \times\qquad 6 \\ \hline \end{array}$$

25
$$\begin{array}{r} 3\ 3\ 3 \\ \times\qquad 5 \\ \hline \end{array}$$

26
$$\begin{array}{r} 3\ 5\ 8 \\ \times\qquad 4 \\ \hline \end{array}$$

27
$$\begin{array}{r} 3\ 6\ 9 \\ \times\qquad 7 \\ \hline \end{array}$$

28
$$\begin{array}{r} 3\ 8\ 9 \\ \times\qquad 8 \\ \hline \end{array}$$

29
$$\begin{array}{r} 4\ 3\ 7 \\ \times\qquad 4 \\ \hline \end{array}$$

30
$$\begin{array}{r} 4\ 5\ 6 \\ \times\qquad 5 \\ \hline \end{array}$$

31
$$\begin{array}{r} 4\ 7\ 8 \\ \times\qquad 4 \\ \hline \end{array}$$

32
$$\begin{array}{r} 4\ 9\ 9 \\ \times\qquad 3 \\ \hline \end{array}$$

33 $542 \times 5 =$

34 $569 \times 4 =$

35 $585 \times 3 =$

36 $633 \times 4 =$

37 $658 \times 4 =$

38 $673 \times 5 =$

39 $733 \times 4 =$

40 $748 \times 9 =$

41 $757 \times 8 =$

42 $776 \times 2 =$

43 $823 \times 6 =$

44 $842 \times 5 =$

45 $876 \times 4 =$

46 $934 \times 4 =$

47 $955 \times 3 =$

48 $965 \times 4 =$

4

● 계산해 보세요.

1
$$\begin{array}{r} 1\ \ 2\ \ 1 \\ \times\ \ \ \ \ \ \ 3 \\ \hline \end{array}$$

2
$$\begin{array}{r} 1\ \ 3\ \ 2 \\ \times\ \ \ \ \ \ \ 2 \\ \hline \end{array}$$

3
$$\begin{array}{r} 1\ \ 8\ \ 4 \\ \times\ \ \ \ \ \ \ 3 \\ \hline \end{array}$$

4
$$\begin{array}{r} 2\ \ 3\ \ 5 \\ \times\ \ \ \ \ \ \ 4 \\ \hline \end{array}$$

5
$$\begin{array}{r} 2\ \ 3\ \ 6 \\ \times\ \ \ \ \ \ \ 2 \\ \hline \end{array}$$

6
$$\begin{array}{r} 2\ \ 4\ \ 3 \\ \times\ \ \ \ \ \ \ 2 \\ \hline \end{array}$$

7
$$\begin{array}{r} 2\ \ 4\ \ 6 \\ \times\ \ \ \ \ \ \ 6 \\ \hline \end{array}$$

8
$$\begin{array}{r} 3\ \ 1\ \ 9 \\ \times\ \ \ \ \ \ \ 3 \\ \hline \end{array}$$

9
$$\begin{array}{r} 3\ \ 2\ \ 3 \\ \times\ \ \ \ \ \ \ 3 \\ \hline \end{array}$$

10
$$\begin{array}{r} 4\ \ 1\ \ 2 \\ \times\ \ \ \ \ \ \ 2 \\ \hline \end{array}$$

11 $424 \times 3 =$

12 $434 \times 2 =$

13 $462 \times 2 =$

14 $564 \times 8 =$

15 $593 \times 3 =$

16 $611 \times 9 =$

17 $613 \times 3 =$

18 $644 \times 7 =$

19 $721 \times 4 =$

20 $722 \times 7 =$

21 $736 \times 2 =$

22 $856 \times 3 =$

23 $873 \times 2 =$

24 $938 \times 4 =$

4

>> 숨은 그림 8개를 찾아보세요.

(두 자리 수)
×(두 자리 수)

DAY 22 (몇십)×(몇십), (몇십몇)×(몇십)

이렇게 계산해요

● 20×30의 계산

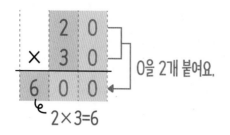

2×3=6
0을 2개 붙여요.

● 15×30의 계산

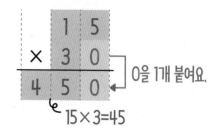

15×3=45
0을 1개 붙여요.

● 계산해 보세요.

1

```
    1 0
×   8 0
```

5

```
      5 0
×     9 0
```

2

```
    2 0
×   4 0
```

6

```
      6 0
×     5 0
```

3

```
    3 0
×   6 0
```

7

```
      7 0
×     7 0
```

4

```
    4 0
×   3 0
```

8

```
      8 0
×     2 0
```

9
$$\begin{array}{r} 1\ 4 \\ \times\ 6\ 0 \\ \hline \end{array}$$

15
$$\begin{array}{r} 6\ 5 \\ \times\ 7\ 0 \\ \hline \end{array}$$

10
$$\begin{array}{r} 2\ 3 \\ \times\ 4\ 0 \\ \hline \end{array}$$

16
$$\begin{array}{r} 7\ 1 \\ \times\ 2\ 0 \\ \hline \end{array}$$

11
$$\begin{array}{r} 2\ 8 \\ \times\ 7\ 0 \\ \hline \end{array}$$

17
$$\begin{array}{r} 7\ 4 \\ \times\ 3\ 0 \\ \hline \end{array}$$

12
$$\begin{array}{r} 3\ 6 \\ \times\ 8\ 0 \\ \hline \end{array}$$

18
$$\begin{array}{r} 8\ 3 \\ \times\ 9\ 0 \\ \hline \end{array}$$

13
$$\begin{array}{r} 4\ 9 \\ \times\ 3\ 0 \\ \hline \end{array}$$

19
$$\begin{array}{r} 9\ 7 \\ \times\ 2\ 0 \\ \hline \end{array}$$

14
$$\begin{array}{r} 5\ 2 \\ \times\ 6\ 0 \\ \hline \end{array}$$

20
$$\begin{array}{r} 9\ 8 \\ \times\ 5\ 0 \\ \hline \end{array}$$

5. (두 자리 수)×(두 자리 수) • **95**

21
```
    2 0
×   7 0
─────────
```

22
```
    2 0
×   9 0
─────────
```

23
```
    3 0
×   4 0
─────────
```

24
```
    3 0
×   8 0
─────────
```

25
```
    4 0
×   5 0
─────────
```

26
```
    4 0
×   8 0
─────────
```

27
```
    1 6
×   2 0
─────────
```

28
```
    2 4
×   5 0
─────────
```

29
```
    3 3
×   8 0
─────────
```

30
```
    4 6
×   2 0
─────────
```

31
```
    4 7
×   9 0
─────────
```

32
```
    5 3
×   3 0
─────────
```

33 $50 \times 20 =$

34 $50 \times 70 =$

35 $60 \times 60 =$

36 $60 \times 90 =$

37 $70 \times 20 =$

38 $70 \times 90 =$

39 $80 \times 70 =$

40 $90 \times 40 =$

41 $55 \times 70 =$

42 $64 \times 80 =$

43 $68 \times 40 =$

44 $72 \times 70 =$

45 $78 \times 40 =$

46 $85 \times 60 =$

47 $87 \times 30 =$

48 $92 \times 60 =$

5

DAY 23 (몇)×(몇십몇)

: 올림이 없는 경우

이렇게 계산해요

3×12의 계산

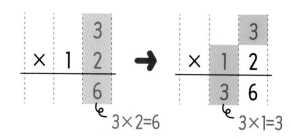

$3 \times 2 = 6$　　$3 \times 1 = 3$

● 계산해 보세요.

1

```
      2
×  1  1
```

2

```
      2
×  1  3
```

3

```
      2
×  2  2
```

4

```
      2
×  2  4
```

5

```
      2
×  3  2
```

6

```
      2
×  3  4
```

7

```
      2
×  4  1
```

8

```
      2
×  4  3
```

9

		3
×	1	1

10

		3
×	1	3

11

		3
×	2	1

12

		3
×	2	2

13

		3
×	3	2

14

		3
×	3	3

15

		4
×	1	1

16

		4
×	1	2

17

		4
×	2	1

18

		4
×	2	2

19

		5
×	1	1

20

		7
×	1	1

21

$$\begin{array}{r} 2 \\ \times\ 1\ 1 \\ \hline \end{array}$$

22

$$\begin{array}{r} 2 \\ \times\ 1\ 2 \\ \hline \end{array}$$

23

$$\begin{array}{r} 2 \\ \times\ 1\ 3 \\ \hline \end{array}$$

24

$$\begin{array}{r} 2 \\ \times\ 1\ 4 \\ \hline \end{array}$$

25

$$\begin{array}{r} 2 \\ \times\ 2\ 1 \\ \hline \end{array}$$

26

$$\begin{array}{r} 2 \\ \times\ 2\ 3 \\ \hline \end{array}$$

27

$$\begin{array}{r} 2 \\ \times\ 2\ 4 \\ \hline \end{array}$$

28

$$\begin{array}{r} 2 \\ \times\ 3\ 1 \\ \hline \end{array}$$

29

$$\begin{array}{r} 2 \\ \times\ 3\ 3 \\ \hline \end{array}$$

30

$$\begin{array}{r} 2 \\ \times\ 3\ 4 \\ \hline \end{array}$$

31

$$\begin{array}{r} 2 \\ \times\ 4\ 1 \\ \hline \end{array}$$

32

$$\begin{array}{r} 2 \\ \times\ 4\ 2 \\ \hline \end{array}$$

33 $2 \times 43 =$

34 $2 \times 44 =$

35 $3 \times 11 =$

36 $3 \times 12 =$

37 $3 \times 21 =$

38 $3 \times 22 =$

39 $3 \times 23 =$

40 $3 \times 31 =$

41 $3 \times 32 =$

42 $3 \times 33 =$

43 $4 \times 12 =$

44 $4 \times 21 =$

45 $4 \times 22 =$

46 $6 \times 11 =$

47 $8 \times 11 =$

48 $9 \times 11 =$

5

(몇)×(몇십몇)

: 올림이 있는 경우

이렇게
계산해요

3×46의 계산

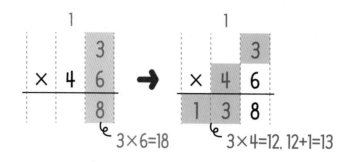

3×6=18   3×4=12, 12+1=13

● 계산해 보세요.

1
```
        2
×   3   6
```

2
```
        2
×   5   5
```

3
```
        3
×   2   7
```

4
```
        3
×   8   9
```

5
```
        4
×   6   3
```

6
```
        4
×   7   4
```

7
```
        5
×   3   8
```

8
```
        5
×   4   2
```

9

```
      6
×   2   3
```

10

```
      6
×   4   6
```

11

```
      6
×   5   8
```

12

```
      7
×   2   4
```

13

```
      7
×   7   8
```

14

```
      7
×   9   3
```

15

```
      8
×   2   5
```

16

```
      8
×   5   6
```

17

```
      8
×   6   9
```

18

```
      9
×   2   2
```

19

```
      9
×   5   3
```

20

```
      9
×   7   4
```

5

21

$$\begin{array}{r} 2 \\ \times\ 2\ 8 \\ \hline \end{array}$$

22

$$\begin{array}{r} 2 \\ \times\ 4\ 9 \\ \hline \end{array}$$

23

$$\begin{array}{r} 2 \\ \times\ 7\ 7 \\ \hline \end{array}$$

24

$$\begin{array}{r} 2 \\ \times\ 9\ 5 \\ \hline \end{array}$$

25

$$\begin{array}{r} 3 \\ \times\ 2\ 5 \\ \hline \end{array}$$

26

$$\begin{array}{r} 3 \\ \times\ 3\ 8 \\ \hline \end{array}$$

27

$$\begin{array}{r} 3 \\ \times\ 5\ 4 \\ \hline \end{array}$$

28

$$\begin{array}{r} 3 \\ \times\ 9\ 8 \\ \hline \end{array}$$

29

$$\begin{array}{r} 4 \\ \times\ 2\ 8 \\ \hline \end{array}$$

30

$$\begin{array}{r} 4 \\ \times\ 3\ 4 \\ \hline \end{array}$$

31

$$\begin{array}{r} 4 \\ \times\ 8\ 6 \\ \hline \end{array}$$

32

$$\begin{array}{r} 4 \\ \times\ 9\ 5 \\ \hline \end{array}$$

33 5×13=

34 5×24=

35 5×65=

36 6×18=

37 6×65=

38 6×72=

39 7×39=

40 7×43=

41 7×57=

42 7×84=

43 8×12=

44 8×45=

45 8×73=

46 9×26=

47 9×64=

48 9×97=

5

DAY 25 (몇십몇)×(몇십몇)

: 올림이 없는 경우

이렇게 계산해요

14×21의 계산

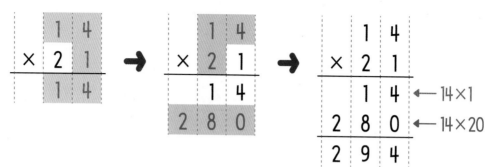

● 계산해 보세요.

1

```
    1 1
×   3 8
```

4

```
    1 4
×   1 2
```

2

```
    1 2
×   2 3
```

5

```
    2 1
×   4 3
```

3

```
    1 3
×   2 2
```

6

```
    2 2
×   3 3
```

7

```
      2  3
×  3  1
─────────
```

8

```
      2  4
×  2  2
─────────
```

9

```
      3  1
×  1  3
─────────
```

10

```
      3  2
×  1  2
─────────
```

11

```
      3  3
×  2  3
─────────
```

12

```
      4  1
×  1  2
─────────
```

13

```
      4  4
×  2  1
─────────
```

14

```
      5  4
×  1  1
─────────
```

5

15
```
    1 1
×   2 1
─────────
```

16
```
    1 1
×   4 3
─────────
```

17
```
    1 1
×   8 9
─────────
```

18
```
    1 2
×   1 2
─────────
```

19
```
    1 2
×   2 4
─────────
```

20
```
    1 2
×   3 3
─────────
```

21
```
    1 2
×   4 2
─────────
```

22
```
    1 3
×   1 2
─────────
```

23
```
    1 3
×   2 1
─────────
```

24
```
    1 3
×   2 3
─────────
```

25
```
    1 4
×   1 1
─────────
```

26
```
    1 4
×   2 2
─────────
```

27 $21 \times 23 =$

28 $21 \times 42 =$

29 $22 \times 11 =$

30 $22 \times 22 =$

31 $22 \times 32 =$

32 $23 \times 23 =$

33 $23 \times 32 =$

34 $24 \times 21 =$

35 $31 \times 32 =$

36 $32 \times 21 =$

37 $33 \times 13 =$

38 $34 \times 21 =$

39 $43 \times 12 =$

40 $44 \times 22 =$

41 $73 \times 11 =$

42 $84 \times 11 =$

5

(몇십몇)×(몇십몇)

: 올림이 한 번 있는 경우

이렇게
계산해요

13×24의 계산

$$
\begin{array}{r}
\overset{1}{} \\
1\ 3 \\
\times\ 2\ 4 \\
\hline
5\ 2
\end{array}
\rightarrow
\begin{array}{r}
1\ 3 \\
\times\ 2\ 4 \\
\hline
5\ 2 \\
2\ 6\ 0
\end{array}
\rightarrow
\begin{array}{r}
1\ 3 \\
\times\ 2\ 4 \\
\hline
5\ 2 \\
2\ 6\ 0 \\
\hline
3\ 1\ 2
\end{array}
$$

← 13×4
← 13×20

● 계산해 보세요.

1

$$
\begin{array}{r}
1\ 2 \\
\times\ 1\ 7 \\
\hline
\end{array}
$$

2

$$
\begin{array}{r}
1\ 6 \\
\times\ 3\ 1 \\
\hline
\end{array}
$$

3

$$
\begin{array}{r}
2\ 3 \\
\times\ 2\ 4 \\
\hline
\end{array}
$$

4

$$
\begin{array}{r}
2\ 6 \\
\times\ 3\ 1 \\
\hline
\end{array}
$$

5

$$
\begin{array}{r}
3\ 5 \\
\times\ 1\ 2 \\
\hline
\end{array}
$$

6

$$
\begin{array}{r}
3\ 8 \\
\times\ 2\ 1 \\
\hline
\end{array}
$$

7

```
    4 6
×   1 2
─────────
```

8

```
    4 7
×   2 1
─────────
```

9

```
    5 2
×   1 4
─────────
```

10

```
      6 1
×     1 9
─────────
```

11

```
    7 1
×   1 5
─────────
```

12

```
    8 2
×   4 1
─────────
```

13

```
    8 4
×   2 1
─────────
```

14

```
    9 3
×   2 1
─────────
```

5

15

```
    1  3
×   3  7
─────────
```

16

```
    1  5
×   4  1
─────────
```

17

```
    1  8
×   1  5
─────────
```

18

```
    2  4
×   3  2
─────────
```

19

```
    2  6
×   1  2
─────────
```

20

```
    2  9
×   3  1
─────────
```

21

```
    3  4
×   1  3
─────────
```

22

```
    3  4
×   3  1
─────────
```

23

```
    3  6
×   1  2
─────────
```

24

```
    3  7
×   3  1
─────────
```

25

```
    4  5
×   1  2
─────────
```

26

```
    4  8
×   2  1
─────────
```

5

27 $49 \times 12 =$

28 $51 \times 41 =$

29 $52 \times 13 =$

30 $53 \times 31 =$

31 $62 \times 13 =$

32 $63 \times 21 =$

33 $64 \times 12 =$

34 $71 \times 41 =$

35 $73 \times 13 =$

36 $74 \times 21 =$

37 $82 \times 14 =$

38 $83 \times 31 =$

39 $84 \times 12 =$

40 $91 \times 51 =$

41 $92 \times 13 =$

42 $94 \times 21 =$

(몇십몇)×(몇십몇)

: 올림이 여러 번 있는 경우

이렇게 계산해요

16×42의 계산

		1					2								
		1	6					1	6					1	6
×		4	2	→	×		4	2	→	×		4	2
		3	2				3	2				3	2	← 16×2
						6	4	0			6	4	0	← 16×40
											6	7	2

● 계산해 보세요.

1

```
      1  3
  ×   4  5
```

2

```
      1  7
  ×   3  2
```

3

```
      2  9
  ×   3  6
```

4

```
      3  8
  ×   4  9
```

5

```
      4  6
  ×   2  4
```

6

```
      5  3
  ×   4  7
```

7
```
      5  5
 ×    2  3
```

11
```
      7  9
 ×    3  6
```

8
```
      6  2
 ×    3  8
```

12
```
      8  3
 ×    2  4
```

9
```
      6  8
 ×    5  2
```

13
```
      8  7
 ×    4  3
```

10
```
      7  4
 ×    7  8
```

14
```
      9  6
 ×    2  7
```

5

15
$$
\begin{array}{r}
1\ 4 \\
\times\ 4\ 8 \\
\hline
\end{array}
$$

16
$$
\begin{array}{r}
1\ 7 \\
\times\ 3\ 7 \\
\hline
\end{array}
$$

17
$$
\begin{array}{r}
1\ 8 \\
\times\ 2\ 5 \\
\hline
\end{array}
$$

18
$$
\begin{array}{r}
2\ 3 \\
\times\ 4\ 5 \\
\hline
\end{array}
$$

19
$$
\begin{array}{r}
2\ 5 \\
\times\ 6\ 7 \\
\hline
\end{array}
$$

20
$$
\begin{array}{r}
2\ 8 \\
\times\ 5\ 9 \\
\hline
\end{array}
$$

21
$$
\begin{array}{r}
3\ 4 \\
\times\ 5\ 8 \\
\hline
\end{array}
$$

22
$$
\begin{array}{r}
3\ 6 \\
\times\ 7\ 4 \\
\hline
\end{array}
$$

23
$$
\begin{array}{r}
3\ 9 \\
\times\ 2\ 6 \\
\hline
\end{array}
$$

24
$$
\begin{array}{r}
4\ 2 \\
\times\ 5\ 1 \\
\hline
\end{array}
$$

25
$$
\begin{array}{r}
4\ 5 \\
\times\ 4\ 3 \\
\hline
\end{array}
$$

26
$$
\begin{array}{r}
4\ 7 \\
\times\ 6\ 3 \\
\hline
\end{array}
$$

27 $48 \times 27 =$

28 $51 \times 36 =$

29 $53 \times 72 =$

30 $59 \times 43 =$

31 $62 \times 53 =$

32 $63 \times 45 =$

33 $64 \times 38 =$

34 $71 \times 32 =$

35 $73 \times 64 =$

36 $74 \times 34 =$

37 $82 \times 35 =$

38 $83 \times 46 =$

39 $84 \times 27 =$

40 $91 \times 58 =$

41 $92 \times 24 =$

42 $94 \times 39 =$

5

● 계산해 보세요.

1
```
      2
×   3 9
────────
```

2
```
      2
×   4 2
────────
```

3
```
      3
×   2 3
────────
```

4
```
      3
×   3 1
────────
```

5
```
      4
×   2 2
────────
```

6
```
      4
×   4 3
────────
```

7
```
      5
×   2 6
────────
```

8
```
      8
×   3 4
────────
```

9
```
    1 1
×   2 4
────────
```

10
```
    1 6
×   7 0
────────
```

11 $21 \times 32 =$

12 $22 \times 41 =$

13 $27 \times 31 =$

14 $30 \times 50 =$

15 $32 \times 23 =$

16 $36 \times 31 =$

17 $46 \times 34 =$

18 $49 \times 21 =$

19 $51 \times 17 =$

20 $67 \times 59 =$

21 $70 \times 40 =$

22 $72 \times 54 =$

23 $86 \times 80 =$

24 $93 \times 32 =$

5

>> 숨은 그림 8개를 찾아보세요.

6

(세 자리 수)
×(두 자리 수)

이렇게
계산해요

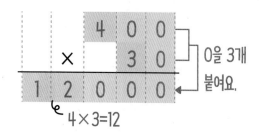

● 400×30의 계산

```
        4   0   0
    ×       3   0
  1   2   0   0   0
```
0을 3개 붙여요.
4×3=12

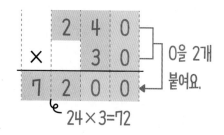

● 240×30의 계산

```
        2   4   0
    ×       3   0
    7   2   0   0
```
0을 2개 붙여요.
24×3=72

● 계산해 보세요.

1
```
        1   0   0
    ×       5   0
```

2
```
        2   0   0
    ×       6   0
```

3
```
        3   0   0
    ×       7   0
```

4
```
        5   0   0
    ×       4   0
```

5
```
        6   0   0
    ×       7   0
```

6
```
        7   0   0
    ×       2   0
```

7
```
        8   0   0
    ×       9   0
```

8
```
        9   0   0
    ×       3   0
```

9

```
    1 5 0
×     4 0
```

10

```
    2 3 0
×     2 0
```

11

```
    3 8 0
×     7 0
```

12

```
    4 2 0
×     3 0
```

13

```
    4 9 0
×     4 0
```

14

```
    5 7 0
×     6 0
```

15

```
    6 3 0
×     5 0
```

16

```
    7 1 0
×     9 0
```

17

```
    7 3 0
×     4 0
```

18

```
    8 2 0
×     3 0
```

19

```
    8 8 0
×     6 0
```

20

```
    9 4 0
×     7 0
```

21

```
      2   0   0
  ×       4   0
  ─────────────
```

27

```
      1   3   0
  ×       7   0
  ─────────────
```

22

```
      2   0   0
  ×       9   0
  ─────────────
```

28

```
      2   6   0
  ×       8   0
  ─────────────
```

23

```
      3   0   0
  ×       9   0
  ─────────────
```

29

```
      3   4   0
  ×       3   0
  ─────────────
```

24

```
      4   0   0
  ×       6   0
  ─────────────
```

30

```
      4   1   0
  ×       5   0
  ─────────────
```

25

```
      4   0   0
  ×       8   0
  ─────────────
```

31

```
      4   9   0
  ×       6   0
  ─────────────
```

26

```
      5   0   0
  ×       3   0
  ─────────────
```

32

```
      5   9   0
  ×       2   0
  ─────────────
```

33 $500 \times 50 =$

34 $600 \times 60 =$

35 $600 \times 80 =$

36 $700 \times 40 =$

37 $700 \times 70 =$

38 $800 \times 20 =$

39 $900 \times 50 =$

40 $900 \times 70 =$

41 $610 \times 50 =$

42 $630 \times 30 =$

43 $730 \times 80 =$

44 $770 \times 70 =$

45 $820 \times 90 =$

46 $860 \times 20 =$

47 $950 \times 60 =$

48 $970 \times 40 =$

6

이렇게
계산해요

413×20의 계산

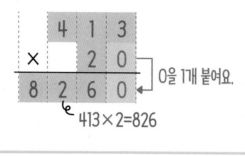

0을 1개 붙여요.

413×2=826

● 계산해 보세요.

1

$$\begin{array}{r} 1\ 3\ 2 \\ \times\quad 6\ 0 \\ \hline \end{array}$$

5

$$\begin{array}{r} 3\ 3\ 1 \\ \times\quad 5\ 0 \\ \hline \end{array}$$

2

$$\begin{array}{r} 1\ 8\ 5 \\ \times\quad 3\ 0 \\ \hline \end{array}$$

6

$$\begin{array}{r} 3\ 9\ 2 \\ \times\quad 4\ 0 \\ \hline \end{array}$$

3

$$\begin{array}{r} 2\ 4\ 6 \\ \times\quad 6\ 0 \\ \hline \end{array}$$

7

$$\begin{array}{r} 4\ 1\ 9 \\ \times\quad 9\ 0 \\ \hline \end{array}$$

4

$$\begin{array}{r} 2\ 7\ 3 \\ \times\quad 8\ 0 \\ \hline \end{array}$$

8

$$\begin{array}{r} 4\ 6\ 5 \\ \times\quad 7\ 0 \\ \hline \end{array}$$

9

$$\begin{array}{r} 5\ 2\ 2 \\ \times \quad\ 4\ 0 \\ \hline \end{array}$$

15

$$\begin{array}{r} 7\ 8\ 8 \\ \times \quad\ 3\ 0 \\ \hline \end{array}$$

10

$$\begin{array}{r} 5\ 8\ 5 \\ \times \quad\ 3\ 0 \\ \hline \end{array}$$

16

$$\begin{array}{r} 8\ 2\ 4 \\ \times \quad\ 9\ 0 \\ \hline \end{array}$$

11

$$\begin{array}{r} 5\ 9\ 7 \\ \times \quad\ 2\ 0 \\ \hline \end{array}$$

17

$$\begin{array}{r} 8\ 5\ 2 \\ \times \quad\ 4\ 0 \\ \hline \end{array}$$

12

$$\begin{array}{r} 6\ 3\ 9 \\ \times \quad\ 5\ 0 \\ \hline \end{array}$$

18

$$\begin{array}{r} 8\ 9\ 3 \\ \times \quad\ 7\ 0 \\ \hline \end{array}$$

13

$$\begin{array}{r} 6\ 5\ 1 \\ \times \quad\ 7\ 0 \\ \hline \end{array}$$

19

$$\begin{array}{r} 9\ 1\ 4 \\ \times \quad\ 5\ 0 \\ \hline \end{array}$$

14

$$\begin{array}{r} 7\ 4\ 6 \\ \times \quad\ 6\ 0 \\ \hline \end{array}$$

20

$$\begin{array}{r} 9\ 6\ 2 \\ \times \quad\ 8\ 0 \\ \hline \end{array}$$

21
```
    1  1  4
×      7  0
```

22
```
    1  3  7
×      4  0
```

23
```
    1  9  3
×      2  0
```

24
```
    2  2  6
×      2  0
```

25
```
    2  3  8
×      5  0
```

26
```
    2  6  7
×      9  0
```

27
```
    3  1  3
×      6  0
```

28
```
    3  5  6
×      4  0
```

29
```
    3  7  2
×      3  0
```

30
```
    4  3  1
×      8  0
```

31
```
    4  7  6
×      5  0
```

32
```
    4  8  9
×      7  0
```

33 $543 \times 30 =$

34 $558 \times 60 =$

35 $583 \times 20 =$

36 $612 \times 90 =$

37 $657 \times 70 =$

38 $662 \times 40 =$

39 $733 \times 80 =$

40 $741 \times 30 =$

41 $768 \times 60 =$

42 $781 \times 50 =$

43 $832 \times 80 =$

44 $846 \times 20 =$

45 $876 \times 70 =$

46 $913 \times 40 =$

47 $958 \times 50 =$

48 $997 \times 90 =$

6

이렇게
계산해요

316×24의 계산

$$
\begin{array}{r}
3\ 1\ 6 \\
\times\ \ \ \ 2\ 4 \\
\hline
1\ 2\ 6\ 4 \\
\end{array}
\quad\rightarrow\quad
\begin{array}{r}
3\ 1\ 6 \\
\times\ \ \ \ 2\ 4 \\
\hline
1\ 2\ 6\ 4 \\
6\ 3\ 2\ 0 \\
\end{array}
\quad\rightarrow\quad
\begin{array}{r}
3\ 1\ 6 \\
\times\ \ \ \ 2\ 4 \\
\hline
1\ 2\ 6\ 4 \\
6\ 3\ 2\ 0 \\
\hline
7\ 5\ 8\ 4 \\
\end{array}
$$

← 316×4
← 316×20

● 계산해 보세요.

1

$$
\begin{array}{r}
1\ 2\ 3 \\
\times\ \ \ 5\ 9 \\
\hline
\end{array}
$$

2

$$
\begin{array}{r}
2\ 3\ 5 \\
\times\ \ \ 8\ 3 \\
\hline
\end{array}
$$

3

$$
\begin{array}{r}
2\ 7\ 8 \\
\times\ \ \ 7\ 7 \\
\hline
\end{array}
$$

4

$$
\begin{array}{r}
3\ 8\ 2 \\
\times\ \ \ 4\ 1 \\
\hline
\end{array}
$$

5

$$
\begin{array}{r}
4\ 4\ 4 \\
\times\ \ \ 6\ 5 \\
\hline
\end{array}
$$

6

$$
\begin{array}{r}
4\ 9\ 6 \\
\times\ \ \ 3\ 8 \\
\hline
\end{array}
$$

7

$$
\begin{array}{r}
5\ 4\ 4 \\
\times\quad 2\ 6 \\
\hline
\end{array}
$$

11

$$
\begin{array}{r}
7\ 8\ 6 \\
\times\quad 4\ 7 \\
\hline
\end{array}
$$

8

$$
\begin{array}{r}
6\ 3\ 5 \\
\times\quad 6\ 2 \\
\hline
\end{array}
$$

12

$$
\begin{array}{r}
8\ 4\ 3 \\
\times\quad 5\ 4 \\
\hline
\end{array}
$$

9

$$
\begin{array}{r}
6\ 7\ 8 \\
\times\quad 3\ 7 \\
\hline
\end{array}
$$

13

$$
\begin{array}{r}
8\ 9\ 4 \\
\times\quad 7\ 5 \\
\hline
\end{array}
$$

10

$$
\begin{array}{r}
7\ 5\ 2 \\
\times\quad 9\ 1 \\
\hline
\end{array}
$$

14

$$
\begin{array}{r}
9\ 6\ 7 \\
\times\quad 8\ 2 \\
\hline
\end{array}
$$

6

15
```
    1 2 5
×     3 7
─────────
```

16
```
    1 4 3
×     5 1
─────────
```

17
```
    1 8 6
×     4 4
─────────
```

18
```
    2 1 4
×     7 5
─────────
```

19
```
    2 4 6
×     9 4
─────────
```

20
```
    2 7 5
×     6 8
─────────
```

21
```
    3 3 3
×     8 7
─────────
```

22
```
    3 3 7
×     5 6
─────────
```

23
```
    3 7 5
×     4 9
─────────
```

24
```
    4 1 2
×     8 8
─────────
```

25
```
    4 5 6
×     3 2
─────────
```

26
```
    4 8 7
×     5 6
─────────
```

27 $529 \times 24 =$

28 $536 \times 75 =$

29 $574 \times 89 =$

30 $636 \times 54 =$

31 $661 \times 33 =$

32 $698 \times 41 =$

33 $716 \times 65 =$

34 $734 \times 97 =$

35 $772 \times 78 =$

36 $796 \times 32 =$

37 $813 \times 53 =$

38 $838 \times 49 =$

39 $884 \times 98 =$

40 $928 \times 82 =$

41 $945 \times 26 =$

42 $971 \times 67 =$

6

● 계산해 보세요.

1

$$
\begin{array}{r}
2\ 0\ 0 \\
\times\quad 3\ 0 \\
\hline
\end{array}
$$

2

$$
\begin{array}{r}
2\ 1\ 7 \\
\times\quad 6\ 0 \\
\hline
\end{array}
$$

3

$$
\begin{array}{r}
2\ 4\ 9 \\
\times\quad 5\ 2 \\
\hline
\end{array}
$$

4

$$
\begin{array}{r}
3\ 6\ 0 \\
\times\quad 4\ 0 \\
\hline
\end{array}
$$

5

$$
\begin{array}{r}
3\ 6\ 9 \\
\times\quad 4\ 0 \\
\hline
\end{array}
$$

6

$$
\begin{array}{r}
3\ 7\ 1 \\
\times\quad 4\ 5 \\
\hline
\end{array}
$$

7

$$
\begin{array}{r}
4\ 0\ 0 \\
\times\quad 9\ 0 \\
\hline
\end{array}
$$

8

$$
\begin{array}{r}
4\ 2\ 3 \\
\times\quad 7\ 1 \\
\hline
\end{array}
$$

9

$$
\begin{array}{r}
4\ 6\ 0 \\
\times\quad 2\ 0 \\
\hline
\end{array}
$$

10

$$
\begin{array}{r}
5\ 0\ 0 \\
\times\quad 6\ 0 \\
\hline
\end{array}
$$

11 $510 \times 30 =$

12 $531 \times 50 =$

13 $671 \times 70 =$

14 $675 \times 80 =$

15 $677 \times 25 =$

16 $700 \times 30 =$

17 $730 \times 90 =$

18 $746 \times 55 =$

19 $814 \times 76 =$

20 $846 \times 90 =$

21 $876 \times 33 =$

22 $919 \times 50 =$

23 $932 \times 64 =$

24 $987 \times 90 =$

6

>> 숨은 그림 8개를 찾아보세요.

아이와 평생
함께할 습관을
만듭니다.

아이스크림 홈런 2.0
공부를 좋아하는 습관

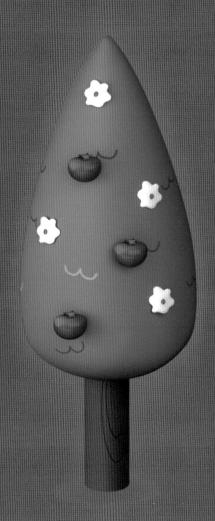

기본을 단단하게
나만의 속도로
무엇보다 재미있게

아이스크림
더연산

정답

곱셈

초2 ➕ 초3 ➕ 초4

● 곱셈

● 곱셈구구

● (두 자리 수)×(한 자리 수)

● (세 자리 수)×(한 자리 수)

● (두 자리 수)×(두 자리 수)

● (세 자리 수)×(두 자리 수)

i-Scream edu

DAY 01 묶어 세기

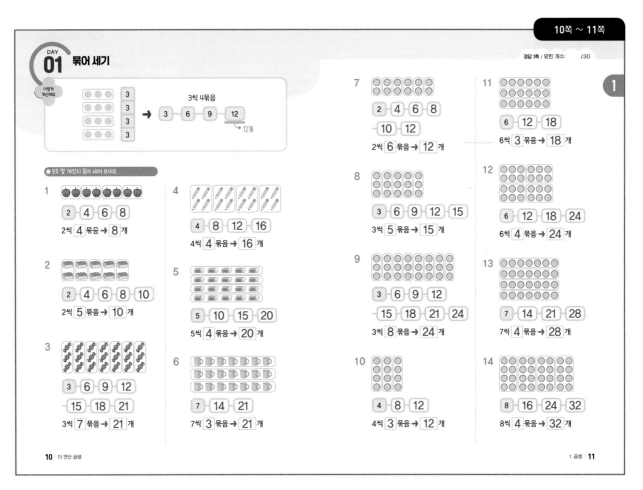

10 · 더 연산 곱셈

1. 곱셈 · 11

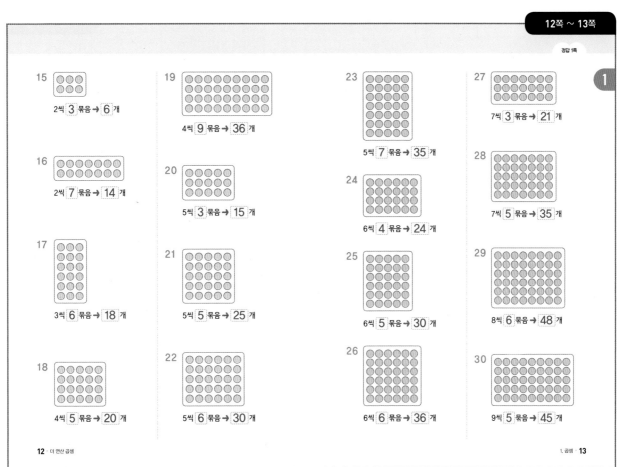

12 · 더 연산 곱셈

1. 곱셈 · 13

정답 · 1

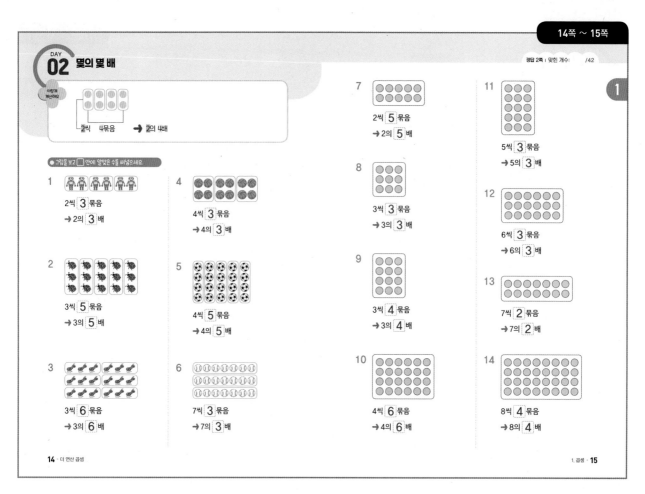

DAY 02 몇의 몇 배

정답 2쪽 | 맞힌 개수: /42

2씩 4묶음 → 2의 4배

● 그림을 보고 □ 안에 알맞은 수를 써넣으세요.

1
2씩 3 묶음
→ 2의 3 배

2
3씩 5 묶음
→ 3의 5 배

3
3씩 6 묶음
→ 3의 6 배

4
4씩 3 묶음
→ 4의 3 배

5
4씩 5 묶음
→ 4의 5 배

6
7씩 3 묶음
→ 7의 3 배

7
2씩 5 묶음
→ 2의 5 배

8
3씩 3 묶음
→ 3의 3 배

9
3씩 4 묶음
→ 3의 4 배

10
4씩 6 묶음
→ 4의 6 배

11
5씩 3 묶음
→ 5의 3 배

12
6씩 3 묶음
→ 6의 3 배

13
7씩 2 묶음
→ 7의 2 배

14
8씩 4 묶음
→ 8의 4 배

정답 2쪽

● □ 안에 알맞은 수를 써넣으세요.

15
2씩 2묶음
→ 2의 2 배

16
2씩 6묶음
→ 2의 6 배

17
2씩 7묶음
→ 2의 7 배

18
2씩 9묶음
→ 2의 9 배

19
3씩 2묶음
→ 3의 2 배

20
3씩 8묶음
→ 3의 8 배

21
3씩 9묶음
→ 3의 9 배

22
4씩 2묶음
→ 4의 2 배

23
4씩 4묶음
→ 4의 4 배

24
4씩 7묶음
→ 4의 7 배

25
4씩 9묶음
→ 4의 9 배

26
5씩 5묶음
→ 5의 5 배

27
5씩 6묶음
→ 5의 6 배

28
5씩 8묶음
→ 5의 8 배

29
6씩 2묶음
→ 6의 2 배

30
6씩 4묶음
→ 6의 4 배

31
6씩 9묶음
→ 6의 9 배

32
7씩 4묶음
→ 7의 4 배

33
7씩 5묶음
→ 7의 5 배

34
7씩 7묶음
→ 7의 7 배

35
7씩 8묶음
→ 7의 8 배

36
8씩 3묶음
→ 8의 3 배

37
8씩 5묶음
→ 8의 5 배

38
8씩 6묶음
→ 8의 6 배

39
8씩 9묶음
→ 8의 9 배

40
9씩 2묶음
→ 9의 2 배

41
9씩 4묶음
→ 9의 4 배

42
9씩 7묶음
→ 9의 7 배

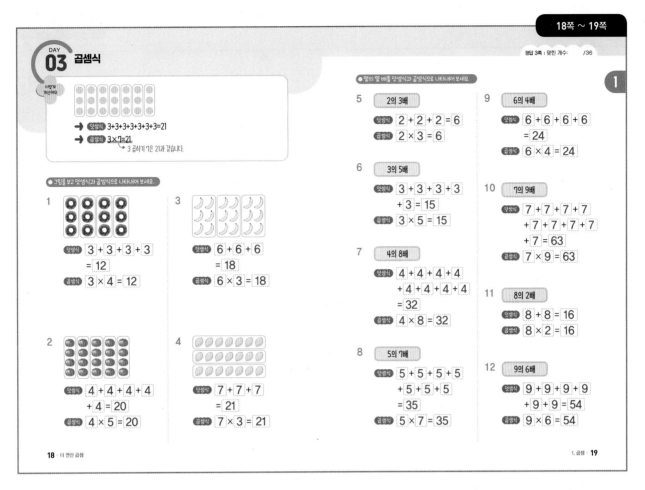

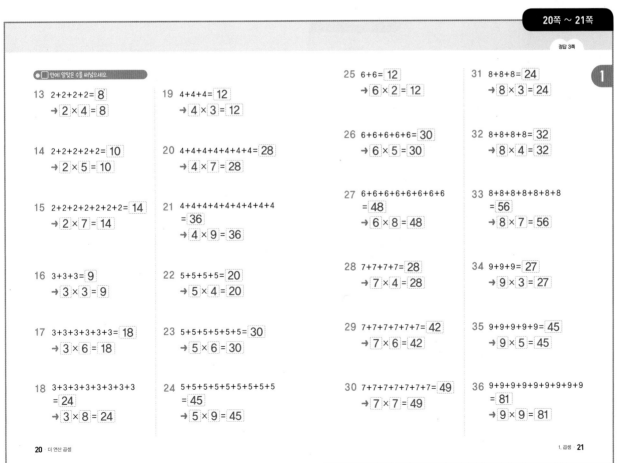

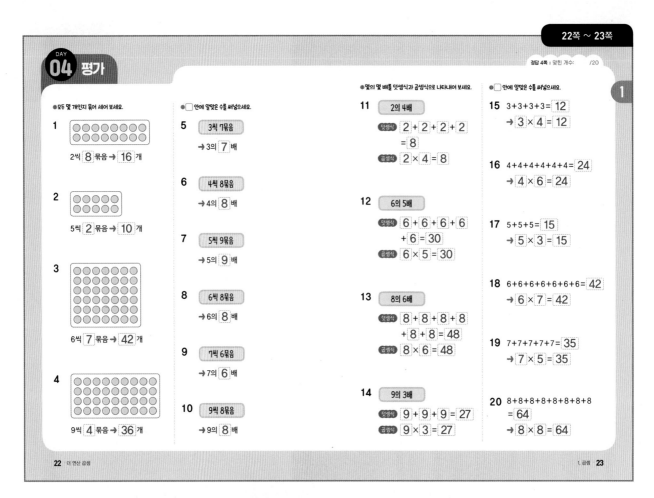

DAY 04 평가

정답 4쪽 | 맞힌 개수: /20

●모두 몇 개인지 묶어 세어 보세요.

1
2씩 8 묶음 → 16 개

2
5씩 2 묶음 → 10 개

3
6씩 7 묶음 → 42 개

4
9씩 4 묶음 → 36 개

● ☐안에 알맞은 수를 써넣으세요.

5 3씩 7묶음
→ 3의 7 배

6 4씩 8묶음
→ 4의 8 배

7 5씩 9묶음
→ 5의 9 배

8 6씩 8묶음
→ 6의 8 배

9 7씩 6묶음
→ 7의 6 배

10 9씩 8묶음
→ 9의 8 배

●몇의 몇 배를 덧셈식과 곱셈식으로 나타내어 보세요.

11 2의 4배
덧셈식 $2 + 2 + 2 + 2 = 8$
곱셈식 $2 \times 4 = 8$

12 6의 5배
덧셈식 $6 + 6 + 6 + 6 + 6 = 30$
곱셈식 $6 \times 5 = 30$

13 8의 6배
덧셈식 $8 + 8 + 8 + 8 + 8 + 8 = 48$
곱셈식 $8 \times 6 = 48$

14 9의 3배
덧셈식 $9 + 9 + 9 = 27$
곱셈식 $9 \times 3 = 27$

● ☐안에 알맞은 수를 써넣으세요.

15 $3 + 3 + 3 + 3 = 12$
→ $3 \times 4 = 12$

16 $4 + 4 + 4 + 4 + 4 + 4 = 24$
→ $4 \times 6 = 24$

17 $5 + 5 + 5 = 15$
→ $5 \times 3 = 15$

18 $6 + 6 + 6 + 6 + 6 + 6 + 6 = 42$
→ $6 \times 7 = 42$

19 $7 + 7 + 7 + 7 + 7 = 35$
→ $7 \times 5 = 35$

20 $8 + 8 + 8 + 8 + 8 + 8 + 8 + 8 = 64$
→ $8 \times 8 = 64$

숨은그림 찾기

정답 4쪽

》 숨은 그림 8개를 찾아보세요.

05 DAY 2단 곱셈구구, 5단 곱셈구구

어떻게 계산해요

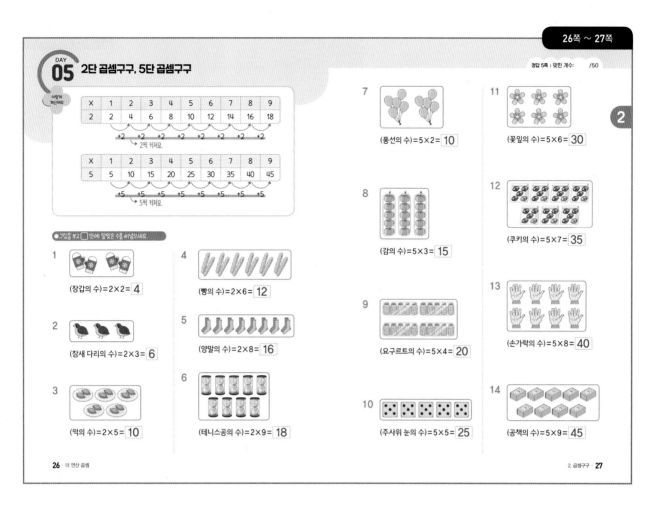

X	1	2	3	4	5	6	7	8	9
2	2	4	6	8	10	12	14	16	18

+2 +2 +2 +2 +2 +2 +2 +2
→ 2씩 커져요.

X	1	2	3	4	5	6	7	8	9
5	5	10	15	20	25	30	35	40	45

+5 +5 +5 +5 +5 +5 +5 +5
→ 5씩 커져요.

● 그림을 보고 □안에 알맞은 수를 써넣으세요.

1 (장갑의 수)=2×2= 4

2 (참새 다리의 수)=2×3= 6

3 (떡의 수)=2×5= 10

4 (빵의 수)=2×6= 12

5 (양말의 수)=2×8= 16

6 (테니스공의 수)=2×9= 18

7 (풍선의 수)=5×2= 10

8 (감의 수)=5×3= 15

9 (요구르트의 수)=5×4= 20

10 (주사위 눈의 수)=5×5= 25

11 (꽃잎의 수)=5×6= 30

12 (쿠키의 수)=5×7= 35

13 (손가락의 수)=5×8= 40

14 (공책의 수)=5×9= 45

● □안에 알맞은 수를 써넣으세요.

15 2×1= 2

16 2×2= 4

17 2×3= 6

18 2×4= 8

19 2×5= 10

20 2×6= 12

21 2×7= 14

22 2×8= 16

23 2×9= 18

24 5×1= 5

25 5×2= 10

26 5×3= 15

27 5×4= 20

28 5×5= 25

29 5×6= 30

30 5×7= 35

31 5×8= 40

32 5×9= 45

33 2× 4 =8

34 2× 1 =2

35 2× 6 =12

36 2× 8 =16

37 2× 9 =18

38 2× 2 =4

39 2× 5 =10

40 2× 3 =6

41 2× 7 =14

42 5× 2 =10

43 5× 7 =35

44 5× 5 =25

45 5× 3 =15

46 5× 8 =40

47 5× 6 =30

48 5× 1 =5

49 5× 4 =20

50 5× 9 =45

06 DAY 3단 곱셈구구, 6단 곱셈구구

정답 6쪽 | 맞힌 개수: /50

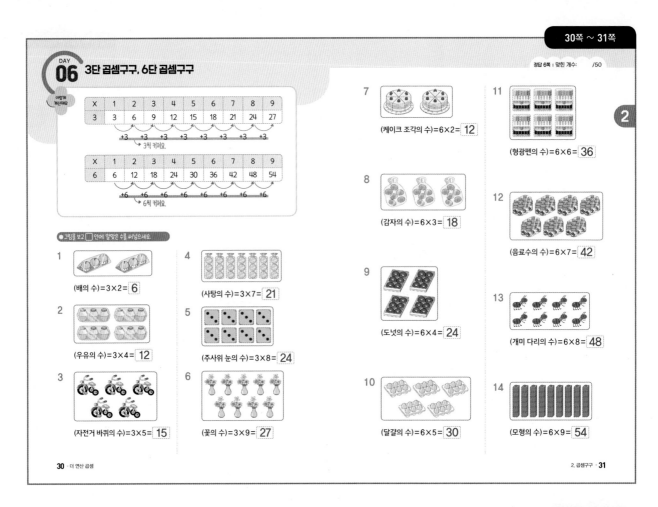

X	1	2	3	4	5	6	7	8	9
3	3	6	9	12	15	18	21	24	27

+3 +3 +3 +3 +3 +3 +3 +3
→ 3씩 커져요.

X	1	2	3	4	5	6	7	8	9
6	6	12	18	24	30	36	42	48	54

+6 +6 +6 +6 +6 +6 +6 +6
→ 6씩 커져요.

● 그림을 보고 ◯안에 알맞은 수를 써넣으세요.

1 (배의 수)=3×2= 6

2 (우유의 수)=3×4= 12

3 (자전거 바퀴의 수)=3×5= 15

4 (사탕의 수)=3×7= 21

5 (주사위 눈의 수)=3×8= 24

6 (꽃의 수)=3×9= 27

7 (케이크 조각의 수)=6×2= 12

8 (감자의 수)=6×3= 18

9 (도넛의 수)=6×4= 24

10 (달걀의 수)=6×5= 30

11 (형광펜의 수)=6×6= 36

12 (음료수의 수)=6×7= 42

13 (개미 다리의 수)=6×8= 48

14 (모형의 수)=6×9= 54

정답 6쪽

● ◯안에 알맞은 수를 써넣으세요.

15 3×1= 3

16 3×2= 6

17 3×3= 9

18 3×4= 12

19 3×5= 15

20 3×6= 18

21 3×7= 21

22 3×8= 24

23 3×9= 27

24 6×1= 6

25 6×2= 12

26 6×3= 18

27 6×4= 24

28 6×5= 30

29 6×6= 36

30 6×7= 42

31 6×8= 48

32 6×9= 54

33 3× 6 =18

34 3× 2 =6

35 3× 9 =27

36 3× 3 =9

37 3× 8 =24

38 3× 1 =3

39 3× 5 =15

40 3×7=21

41 3× 4 =12

42 6× 5 =30

43 6× 1 =6

44 6× 2 =12

45 6× 6 =36

46 6× 9 =54

47 6× 8 =48

48 6× 3 =18

49 6× 4 =24

50 6× 7 =42

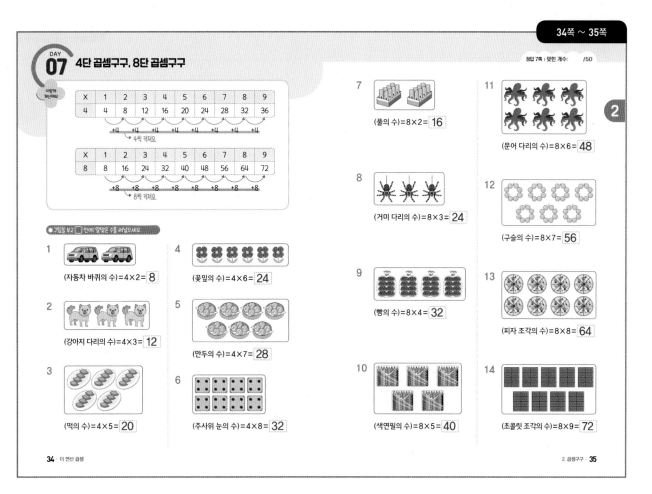

DAY 07 4단 곱셈구구, 8단 곱셈구구

정답 7쪽 | 맞힌 개수: /50

×	1	2	3	4	5	6	7	8	9
4	4	8	12	16	20	24	28	32	36

+4 +4 +4 +4 +4 +4 +4 +4
4씩 커져요

×	1	2	3	4	5	6	7	8	9
8	8	16	24	32	40	48	56	64	72

+8 +8 +8 +8 +8 +8 +8 +8
8씩 커져요

● 그림을 보고 □ 안에 알맞은 수를 써넣으세요.

1 (자동차 바퀴의 수)=4×2= 8

2 (강아지 다리의 수)=4×3= 12

3 (떡의 수)=4×5= 20

4 (꽃잎의 수)=4×6= 24

5 (만두의 수)=4×7= 28

6 (주사위 눈의 수)=4×8= 32

7 (풀의 수)=8×2= 16

8 (거미 다리의 수)=8×3= 24

9 (빵의 수)=8×4= 32

10 (색연필의 수)=8×5= 40

11 (문어 다리의 수)=8×6= 48

12 (구슬의 수)=8×7= 56

13 (피자 조각의 수)=8×8= 64

14 (초콜릿 조각의 수)=8×9= 72

34 · 더 연산 곱셈

2. 곱셈구구 · 35

정답 7쪽

● □ 안에 알맞은 수를 써넣으세요.

15 4×1= 4

16 4×2= 8

17 4×3= 12

18 4×4= 16

19 4×5= 20

20 4×6= 24

21 4×7= 28

22 4×8= 32

23 4×9= 36

24 8×1= 8

25 8×2= 16

26 8×3= 24

27 8×4= 32

28 8×5= 40

29 8×6= 48

30 8×7= 56

31 8×8= 64

32 8×9= 72

33 4× 5 =20

34 4× 3 =12

35 4× 7 =28

36 4× 6 =24

37 4× 4 =16

38 4× 9 =36

39 4× 2 =8

40 4× 1 =4

41 4× 8 =32

42 8× 2 =16

43 8× 9 =72

44 8× 8 =64

45 8× 6 =48

46 8× 1 =8

47 8× 5 =40

48 8× 7 =56

49 8× 4 =32

50 8× 3 =24

36 · 더 연산 곱셈

2. 곱셈구구 · 37

정답 · 7

정답

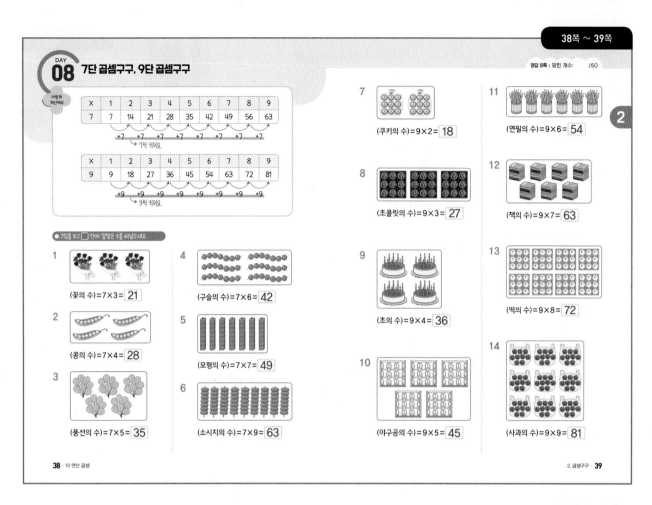

DAY 08 7단 곱셈구구, 9단 곱셈구구

정답 8쪽 | 맞힌 개수: /50

X	1	2	3	4	5	6	7	8	9
7	7	14	21	28	35	42	49	56	63

+7 +7 +7 +7 +7 +7 +7 +7
7씩 커져요.

X	1	2	3	4	5	6	7	8	9
9	9	18	27	36	45	54	63	72	81

+9 +9 +9 +9 +9 +9 +9 +9
9씩 커져요.

● 그림을 보고 ☐안에 알맞은 수를 써넣으세요.

1 (꽃의 수)=7×3= 21

2 (콩의 수)=7×4= 28

3 (풍선의 수)=7×5= 35

4 (구슬의 수)=7×6= 42

5 (모형의 수)=7×7= 49

6 (소시지의 수)=7×9= 63

7 (쿠키의 수)=9×2= 18

8 (초콜릿의 수)=9×3= 27

9 (초의 수)=9×4= 36

10 (야구공의 수)=9×5= 45

11 (연필의 수)=9×6= 54

12 (책의 수)=9×7= 63

13 (떡의 수)=9×8= 72

14 (사과의 수)=9×9= 81

정답 8쪽

● ☐안에 알맞은 수를 써넣으세요.

15 7×1= 7

16 7×2= 14

17 7×3= 21

18 7×4= 28

19 7×5= 35

20 7×6= 42

21 7×7= 49

22 7×8= 56

23 7×9= 63

24 9×1= 9

25 9×2= 18

26 9×3= 27

27 9×4= 36

28 9×5= 45

29 9×6= 54

30 9×7= 63

31 9×8= 72

32 9×9= 81

33 7× 6 =42

34 7× 1 =7

35 7× 8 =56

36 7× 5 =35

37 7× 2 =14

38 7× 9 =63

39 7× 4 =28

40 7× 7 =49

41 7× 3 =21

42 9× 7 =63

43 9× 9 =81

44 9× 5 =45

45 9× 3 =27

46 9× 4 =36

47 9× 8 =72

48 9× 2 =18

49 9× 6 =54

50 9× 1 =9

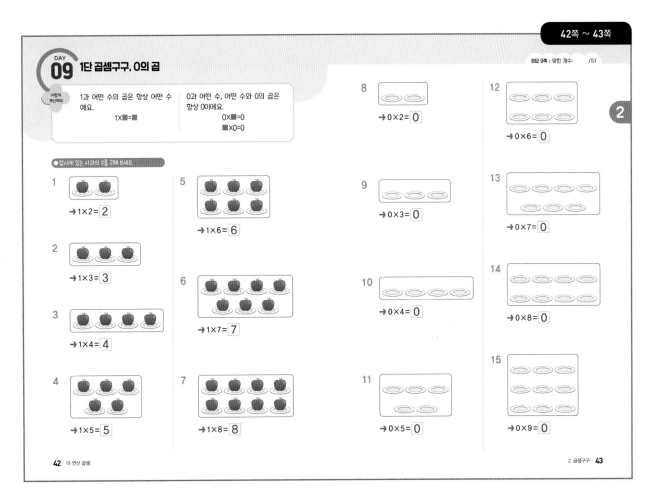

● ☐ 안에 알맞은 수를 써넣으세요.

16 1×1= 1

17 1×2= 2

18 1×3= 3

19 1×4= 4

20 1×5= 5

21 1×6= 6

22 1×7= 7

23 1×8= 8

24 1×9= 9

25 0×1= 0

26 0×2= 0

27 0×3= 0

28 0×4= 0

29 0×5= 0

30 0×6= 0

31 0×7= 0

32 0×8= 0

33 0×9= 0

34 1× 3 =3

35 1× 9 =9

36 1× 2 =2

37 1× 7 =7

38 1× 4 =4

39 1× 8 =8

40 1× 5 =5

41 1× 1 =1

42 1× 6 =6

43 1×0= 0

44 2×0= 0

45 3×0= 0

46 4×0= 0

47 5×0= 0

48 6×0= 0

49 7×0= 0

50 8×0= 0

51 9×0= 0

DAY 10 곱셈표

정답 10쪽 | 맞힌 개수: /30

이렇게
계산해요

×	0	1	2	3	4	5	6	7	8	9
0	0	0	0	0	0	0	0	0	0	0
1	0	1	2	3	4	5	6	7	8	9
2	0	2	4	6	8	10	12	14	16	18
3	0	3	6	9	12	15	18	21	24	27
4	0	4	8	12	16	20	24	28	32	36
5	0	5	10	15	20	25	30	35	40	45
6	0	6	12	18	24	30	36	42	48	54
7	0	7	14	21	28	35	42	49	56	63
8	0	8	16	24	32	40	48	56	64	72
9	0	9	18	27	36	45	54	63	72	81

7×8=8×7
곱하는 두 수를
바꾸어도 계산
결과는 같아요.

■단 곱셈구구는 곱이 ■씩 커져요.

● 빈칸에 알맞은 수를 써넣어 곱셈표를 완성해 보세요.

1

×	1	2	3	4	5
1	1	2	3	4	5

4

×	2	4	5	6	8
2	4	8	10	12	16

2

×	5	6	7	8	9
1	5	6	7	8	9

5

×	1	2	3	4	5
3	3	6	9	12	15

3

×	1	3	5	7	9
2	2	6	10	14	18

6

×	5	6	7	8	9
3	15	18	21	24	27

7

×	1	3	5	7	9
4	4	12	20	28	36

13

×	1	2	3	4	5
7	7	14	21	28	35

8

×	2	4	6	7	8
4	8	16	24	28	32

14

×	2	6	7	8	9
7	14	42	49	56	63

9

×	1	2	3	4	5
5	5	10	15	20	25

15

×	1	2	3	4	5
8	8	16	24	32	40

10

×	5	6	7	8	9
5	25	30	35	40	45

16

×	4	6	7	8	9
8	32	48	56	64	72

11

×	1	4	5	7	8
6	6	24	30	42	48

17

×	1	2	4	7	8
9	9	18	36	63	72

12

×	2	3	6	8	9
6	12	18	36	48	54

18

×	3	5	6	8	9
9	27	45	54	72	81

정답 10쪽

19

×	1	2	3	4	5
1	1	2	3	4	5
2	2	4	6	8	10
3	3	6	9	12	15
4	4	8	12	16	20
5	5	10	15	20	25

22

×	1	2	3	4	5
2	2	4	6	8	10
3	3	6	9	12	15
4	4	8	12	16	20
5	5	10	15	20	25
6	6	12	18	24	30

25

×	2	3	5	6	8
1	2	3	5	6	8
3	6	9	15	18	24
4	8	12	20	24	32
7	14	21	35	42	56
9	18	27	45	54	72

28

×	2	4	7	8	9
2	4	8	14	16	18
3	6	12	21	24	27
5	10	20	35	40	45
7	14	28	49	56	63
8	16	32	56	64	72

20

×	3	4	5	6	7
1	3	4	5	6	7
2	6	8	10	12	14
3	9	12	15	18	21
4	12	16	20	24	28
5	15	20	25	30	35

23

×	1	2	3	4	5
4	4	8	12	16	20
5	5	10	15	20	25
6	6	12	18	24	30
7	7	14	21	28	35
8	8	16	24	32	40

26

×	3	5	7	8	9
2	6	10	14	16	18
3	9	15	21	24	27
6	18	30	42	48	54
7	21	35	49	56	63
9	27	45	63	72	81

29

×	1	4	5	6	7
3	3	12	15	18	21
4	4	16	20	24	28
6	6	24	30	36	42
8	8	32	40	48	56
9	9	36	45	54	63

21

×	5	6	7	8	9
1	5	6	7	8	9
2	10	12	14	16	18
3	15	18	21	24	27
4	20	24	28	32	36
5	25	30	35	40	45

24

×	1	2	3	4	5
5	5	10	15	20	25
6	6	12	18	24	30
7	7	14	21	28	35
8	8	16	24	32	40
9	9	18	27	36	45

27

×	1	3	4	6	7
3	3	9	12	18	21
4	4	12	16	24	28
5	5	15	20	30	35
8	8	24	32	48	56
9	9	27	36	54	63

30

×	3	6	7	8	9
1	3	6	7	8	9
2	6	12	14	16	18
4	12	24	28	32	36
5	15	30	35	40	45
8	24	48	56	64	72

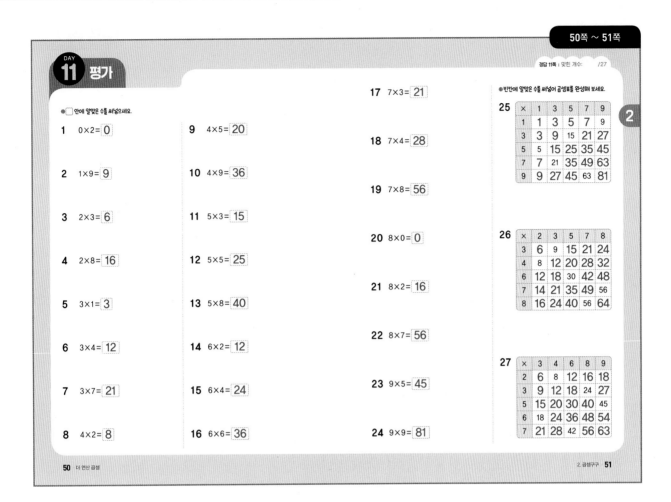

DAY 11 평가

● ☐안에 알맞은 수를 써넣으세요.

1 0×2= **0**

2 1×9= **9**

3 2×3= **6**

4 2×8= **16**

5 3×1= **3**

6 3×4= **12**

7 3×7= **21**

8 4×2= **8**

9 4×5= **20**

10 4×9= **36**

11 5×3= **15**

12 5×5= **25**

13 5×8= **40**

14 6×2= **12**

15 6×4= **24**

16 6×6= **36**

17 7×3= **21**

18 7×4= **28**

19 7×8= **56**

20 8×0= **0**

21 8×2= **16**

22 8×7= **56**

23 9×5= **45**

24 9×9= **81**

● 빈칸에 알맞은 수를 써넣어 곱셈표를 완성해 보세요.

25

×	1	3	5	7	9
1	1	3	5	7	9
3	3	9	15	21	27
5	5	15	25	35	45
7	7	21	35	49	63
9	9	27	45	63	81

26

×	2	3	5	7	8
3	6	9	15	21	24
4	8	12	20	28	32
6	12	18	30	42	48
7	14	21	35	49	56
8	16	24	40	56	64

27

×	3	4	6	8	9
2	6	8	12	16	18
3	9	12	18	24	27
5	15	20	30	40	45
6	18	24	36	48	54
7	21	28	42	56	63

숨은그림 찾기

➤➤ 숨은 그림 8개를 찾아보세요.

DAY 12 (몇십)×(몇)

정답 12쪽 | 맞힌 개수: /48

이렇게 계산해요

20×3의 계산

```
      2 0
   ×    3
      6 0
```
2×3=6
0을 1개 붙여요.
2×3=6
20×3=60
0을 1개 붙여요.

● 계산해 보세요.

1
```
    1 0
 ×    2
    2 0
```

5
```
    5 0
 ×    6
  3 0 0
```

2
```
    2 0
 ×    8
  1 6 0
```

6
```
    6 0
 ×    3
  1 8 0
```

3
```
    3 0
 ×    4
  1 2 0
```

7
```
    7 0
 ×    9
  6 3 0
```

4
```
    4 0
 ×    7
  2 8 0
```

8
```
    8 0
 ×    5
  4 0 0
```

9 $10 \times 4 = 4\ 0$

10 $20 \times 4 = 8\ 0$

11 $30 \times 6 = 18\ 0$

12 $30 \times 8 = 24\ 0$

13 $40 \times 9 = 36\ 0$

14 $50 \times 5 = 25\ 0$

15 $60 \times 9 = 54\ 0$

16 $70 \times 4 = 28\ 0$

17 $70 \times 6 = 42\ 0$

18 $80 \times 2 = 16\ 0$

19 $90 \times 3 = 27\ 0$

20 $90 \times 8 = 72\ 0$

3

정답 12쪽

21
```
    1 0
 ×    3
    3 0
```

22
```
    1 0
 ×    6
    6 0
```

23
```
    1 0
 ×    8
    8 0
```

24
```
    2 0
 ×    2
    4 0
```

25
```
    2 0
 ×    5
  1 0 0
```

26
```
    2 0
 ×    9
  1 8 0
```

27
```
    3 0
 ×    2
    6 0
```

28
```
    3 0
 ×    3
    9 0
```

29
```
    3 0
 ×    7
  2 1 0
```

30
```
    4 0
 ×    4
  1 6 0
```

31
```
    4 0
 ×    5
  2 0 0
```

32
```
    4 0
 ×    8
  3 2 0
```

33 $50 \times 3 = 150$

34 $50 \times 4 = 200$

35 $50 \times 9 = 450$

36 $60 \times 2 = 120$

37 $60 \times 4 = 240$

38 $60 \times 7 = 420$

39 $60 \times 8 = 480$

40 $70 \times 2 = 140$

41 $70 \times 3 = 210$

42 $70 \times 8 = 560$

43 $80 \times 4 = 320$

44 $80 \times 8 = 640$

45 $80 \times 9 = 720$

46 $90 \times 2 = 180$

47 $90 \times 5 = 450$

48 $90 \times 7 = 630$

3

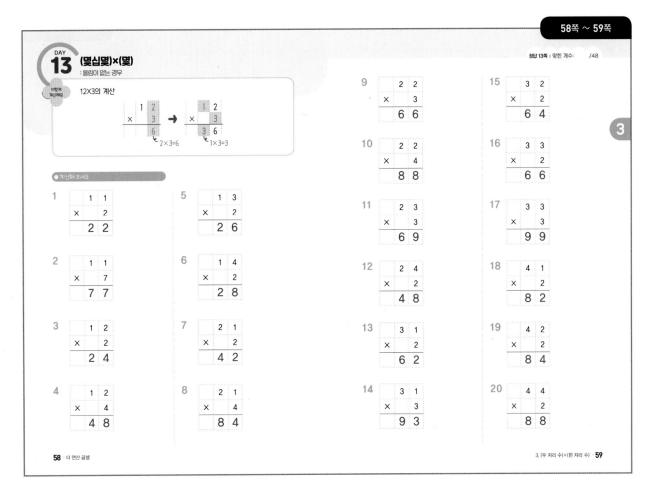

DAY 13 (몇십몇)×(몇)

: 올림이 없는 경우

12×3의 계산

$2 \times 3 = 6$ $1 \times 3 = 3$

● 계산해 보세요.

1
```
    1 1
×     2
    2 2
```

2
```
    1 1
×     7
    7 7
```

3
```
    1 2
×     2
    2 4
```

4
```
    1 2
×     4
    4 8
```

5
```
    1 3
×     2
    2 6
```

6
```
    1 4
×     2
    2 8
```

7
```
    2 1
×     2
    4 2
```

8
```
    2 1
×     4
    8 4
```

9
```
    2 2
×     3
    6 6
```

10
```
    2 2
×     4
    8 8
```

11
```
    2 3
×     3
    6 9
```

12
```
    2 4
×     2
    4 8
```

13
```
    3 1
×     2
    6 2
```

14
```
    3 1
×     3
    9 3
```

15
```
    3 2
×     2
    6 4
```

16
```
    3 3
×     2
    6 6
```

17
```
    3 3
×     3
    9 9
```

18
```
    4 1
×     2
    8 2
```

19
```
    4 2
×     2
    8 4
```

20
```
    4 4
×     2
    8 8
```

21
```
    1 1
×     2
    2 2
```

22
```
    1 1
×     3
    3 3
```

23
```
    1 1
×     4
    4 4
```

24
```
    1 1
×     5
    5 5
```

25
```
    1 1
×     6
    6 6
```

26
```
    1 1
×     8
    8 8
```

27
```
    1 1
×     9
    9 9
```

28
```
    1 2
×     2
    2 4
```

29
```
    1 2
×     3
    3 6
```

30
```
    1 2
×     4
    4 8
```

31
```
    1 3
×     2
    2 6
```

32
```
    1 3
×     3
    3 9
```

33 21×2=42

34 21×3=63

35 21×4=84

36 22×2=44

37 22×3=66

38 22×4=88

39 23×2=46

40 23×3=69

41 31×2=62

42 31×3=93

43 32×2=64

44 32×3=96

45 34×2=68

46 41×2=82

47 42×2=84

48 43×2=86

DAY 14 (몇십몇)×(몇)
: 올림이 한 번 있는 경우

정답 14쪽 | 맞힌 개수: /46

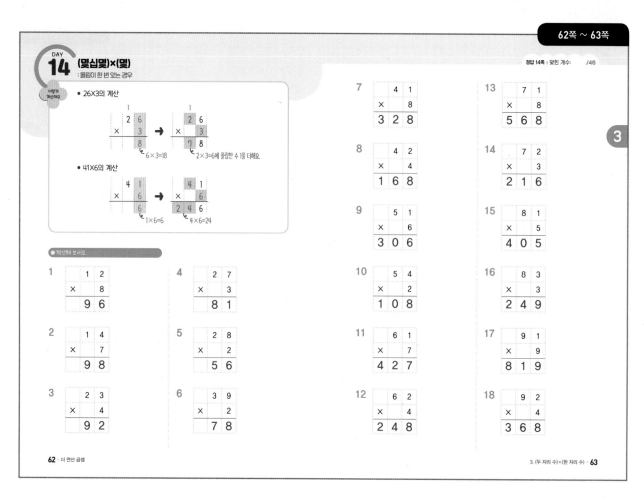

이렇게 계산해요

• 26×3의 계산

2×3=6에 올림한 수 1을 더해요.
6×3=18

• 41×6의 계산

1×6=6
4×6=24

● 계산해 보세요.

1
$$\begin{array}{r} 1\ 2 \\ \times\quad 8 \\ \hline 9\ 6 \end{array}$$

2
$$\begin{array}{r} 1\ 4 \\ \times\quad 7 \\ \hline 9\ 8 \end{array}$$

3
$$\begin{array}{r} 2\ 3 \\ \times\quad 4 \\ \hline 9\ 2 \end{array}$$

4
$$\begin{array}{r} 2\ 7 \\ \times\quad 3 \\ \hline 8\ 1 \end{array}$$

5
$$\begin{array}{r} 2\ 8 \\ \times\quad 2 \\ \hline 5\ 6 \end{array}$$

6
$$\begin{array}{r} 3\ 9 \\ \times\quad 2 \\ \hline 7\ 8 \end{array}$$

7
$$\begin{array}{r} 4\ 1 \\ \times\quad 8 \\ \hline 3\ 2\ 8 \end{array}$$

8
$$\begin{array}{r} 4\ 2 \\ \times\quad 4 \\ \hline 1\ 6\ 8 \end{array}$$

9
$$\begin{array}{r} 5\ 1 \\ \times\quad 6 \\ \hline 3\ 0\ 6 \end{array}$$

10
$$\begin{array}{r} 5\ 4 \\ \times\quad 2 \\ \hline 1\ 0\ 8 \end{array}$$

11
$$\begin{array}{r} 6\ 1 \\ \times\quad 7 \\ \hline 4\ 2\ 7 \end{array}$$

12
$$\begin{array}{r} 6\ 2 \\ \times\quad 4 \\ \hline 2\ 4\ 8 \end{array}$$

13
$$\begin{array}{r} 7\ 1 \\ \times\quad 8 \\ \hline 5\ 6\ 8 \end{array}$$

14
$$\begin{array}{r} 7\ 2 \\ \times\quad 3 \\ \hline 2\ 1\ 6 \end{array}$$

15
$$\begin{array}{r} 8\ 1 \\ \times\quad 5 \\ \hline 4\ 0\ 5 \end{array}$$

16
$$\begin{array}{r} 8\ 3 \\ \times\quad 3 \\ \hline 2\ 4\ 9 \end{array}$$

17
$$\begin{array}{r} 9\ 1 \\ \times\quad 9 \\ \hline 8\ 1\ 9 \end{array}$$

18
$$\begin{array}{r} 9\ 2 \\ \times\quad 4 \\ \hline 3\ 6\ 8 \end{array}$$

19
$$\begin{array}{r} 1\ 2 \\ \times\quad 5 \\ \hline 6\ 0 \end{array}$$

20
$$\begin{array}{r} 1\ 3 \\ \times\quad 7 \\ \hline 9\ 1 \end{array}$$

21
$$\begin{array}{r} 1\ 6 \\ \times\quad 6 \\ \hline 9\ 6 \end{array}$$

22
$$\begin{array}{r} 1\ 7 \\ \times\quad 3 \\ \hline 5\ 1 \end{array}$$

23
$$\begin{array}{r} 1\ 8 \\ \times\quad 5 \\ \hline 9\ 0 \end{array}$$

24
$$\begin{array}{r} 1\ 9 \\ \times\quad 2 \\ \hline 3\ 8 \end{array}$$

25
$$\begin{array}{r} 2\ 1 \\ \times\quad 5 \\ \hline 1\ 0\ 5 \end{array}$$

26
$$\begin{array}{r} 2\ 1 \\ \times\quad 6 \\ \hline 1\ 2\ 6 \end{array}$$

27
$$\begin{array}{r} 2\ 1 \\ \times\quad 7 \\ \hline 1\ 4\ 7 \end{array}$$

28
$$\begin{array}{r} 2\ 1 \\ \times\quad 8 \\ \hline 1\ 6\ 8 \end{array}$$

29
$$\begin{array}{r} 2\ 1 \\ \times\quad 9 \\ \hline 1\ 8\ 9 \end{array}$$

30
$$\begin{array}{r} 3\ 1 \\ \times\quad 4 \\ \hline 1\ 2\ 4 \end{array}$$

31 $35×2=70$

32 $36×2=72$

33 $37×2=74$

34 $38×2=76$

35 $46×2=92$

36 $47×2=94$

37 $48×2=96$

38 $49×2=98$

39 $51×9=459$

40 $61×5=305$

41 $63×3=189$

42 $74×2=148$

43 $81×7=567$

44 $82×4=328$

45 $91×6=546$

46 $93×3=279$

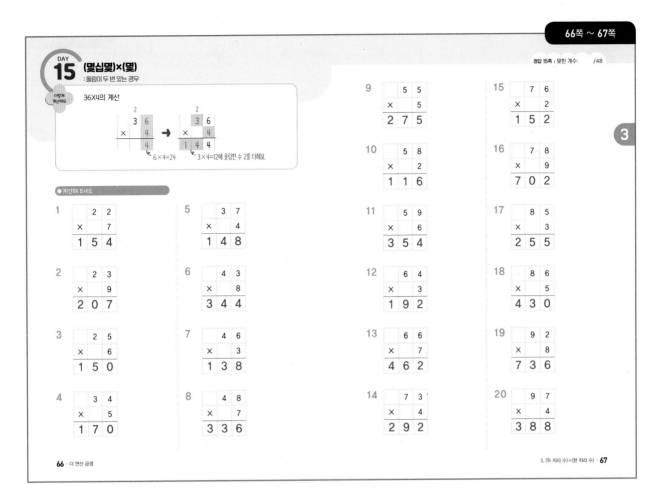

DAY 15 (몇십몇)×(몇)
: 올림이 두 번 있는 경우

정답 15쪽 | 맞힌 개수: /48

36×4의 계산

2 → 2
  3 6   3 6
× 4   →   × 4
  4   1 4 4

6×4=24   3×4=12에 올림한 수 2를 더해요.

● 계산해 보세요.

1
```
    2 2
  ×   7
  1 5 4
```

2
```
    2 3
  ×   9
  2 0 7
```

3
```
    2 5
  ×   6
  1 5 0
```

4
```
    3 4
  ×   5
  1 7 0
```

5
```
    3 7
  ×   4
  1 4 8
```

6
```
    4 3
  ×   8
  3 4 4
```

7
```
    4 6
  ×   3
  1 3 8
```

8
```
    4 8
  ×   7
  3 3 6
```

9
```
    5 5
  ×   5
  2 7 5
```

10
```
    5 8
  ×   2
  1 1 6
```

11
```
    5 9
  ×   6
  3 5 4
```

12
```
    6 4
  ×   3
  1 9 2
```

13
```
    6 6
  ×   7
  4 6 2
```

14
```
    7 3
  ×   4
  2 9 2
```

15
```
    7 6
  ×   2
  1 5 2
```

16
```
    7 8
  ×   9
  7 0 2
```

17
```
    8 5
  ×   3
  2 5 5
```

18
```
    8 6
  ×   5
  4 3 0
```

19
```
    9 2
  ×   8
  7 3 6
```

20
```
    9 7
  ×   4
  3 8 8
```

66 · 더 연산 곱셈

3. (두 자리 수)×(한 자리 수) · 67

정답 15쪽

21
```
    2 4
  ×   5
  1 2 0
```

22
```
    2 6
  ×   6
  1 5 6
```

23
```
    2 8
  ×   7
  1 9 6
```

24
```
    2 9
  ×   9
  2 6 1
```

25
```
    3 2
  ×   6
  1 9 2
```

26
```
    3 3
  ×   4
  1 3 2
```

27
```
    3 5
  ×   9
  3 1 5
```

28
```
    3 8
  ×   6
  2 2 8
```

29
```
    4 4
  ×   8
  3 5 2
```

30
```
    4 5
  ×   5
  2 2 5
```

31
```
    4 7
  ×   5
  2 3 5
```

32
```
    4 9
  ×   3
  1 4 7
```

33 52×7=364

34 53×5=265

35 57×3=171

36 62×7=434

37 63×8=504

38 67×2=134

39 72×9=648

40 74×4=296

41 77×5=385

42 78×6=468

43 83×7=581

44 84×6=504

45 85×5=425

46 93×7=651

47 94×6=564

48 99×3=297

68 · 더 연산 곱셈

3. (두 자리 수)×(한 자리 수) · 69

정답 · 15

DAY 16 평가

정답 16쪽 | 맞힌 개수: /24

● 계산해 보세요.

1
$$\begin{array}{r} 1\ 1 \\ \times\quad 6 \\ \hline 6\ 6 \end{array}$$

2
$$\begin{array}{r} 1\ 3 \\ \times\quad 3 \\ \hline 3\ 9 \end{array}$$

3
$$\begin{array}{r} 1\ 6 \\ \times\quad 7 \\ \hline 1\ 1\ 2 \end{array}$$

4
$$\begin{array}{r} 1\ 7 \\ \times\quad 4 \\ \hline 6\ 8 \end{array}$$

5
$$\begin{array}{r} 2\ 0 \\ \times\quad 7 \\ \hline 1\ 4\ 0 \end{array}$$

6
$$\begin{array}{r} 2\ 1 \\ \times\quad 4 \\ \hline 8\ 4 \end{array}$$

7
$$\begin{array}{r} 2\ 5 \\ \times\quad 5 \\ \hline 1\ 2\ 5 \end{array}$$

8
$$\begin{array}{r} 3\ 0 \\ \times\quad 5 \\ \hline 1\ 5\ 0 \end{array}$$

9
$$\begin{array}{r} 3\ 3 \\ \times\quad 3 \\ \hline 9\ 9 \end{array}$$

10
$$\begin{array}{r} 3\ 7 \\ \times\quad 6 \\ \hline 2\ 2\ 2 \end{array}$$

11 $39 \times 2 = 78$

12 $40 \times 6 = 240$

13 $44 \times 2 = 88$

14 $45 \times 2 = 90$

15 $50 \times 8 = 400$

16 $54 \times 3 = 162$

17 $61 \times 9 = 549$

18 $62 \times 8 = 496$

19 $71 \times 5 = 355$

20 $78 \times 3 = 234$

21 $80 \times 7 = 560$

22 $86 \times 4 = 344$

23 $90 \times 9 = 810$

24 $91 \times 4 = 364$

숨은그림 찾기

정답 16쪽

>> 숨은 그림 8개를 찾아보세요.

16 • 더 연산 곱셈

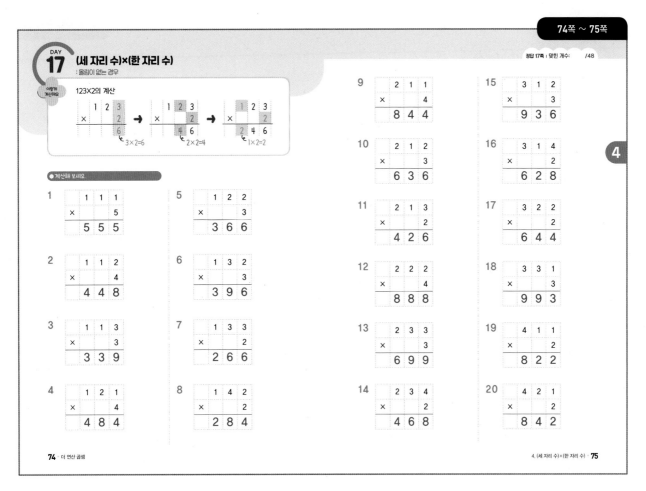

DAY 17 (세 자리 수)×(한 자리 수)
: 올림이 없는 경우

정답 17쪽 | 맞힌 개수: /48

어떻게 계산해요

123×2의 계산

$$\begin{array}{r} 1\ 2\ 3 \\ \times\quad 2 \\ \hline 6 \end{array} \rightarrow \begin{array}{r} 1\ 2\ 3 \\ \times\quad 2 \\ \hline 4\ 6 \end{array} \rightarrow \begin{array}{r} 1\ 2\ 3 \\ \times\quad 2 \\ \hline 2\ 4\ 6 \end{array}$$

3×2=6   2×2=4   1×2=2

● 계산해 보세요.

1
$$\begin{array}{r} 1\ 1\ 1 \\ \times\quad 5 \\ \hline 5\ 5\ 5 \end{array}$$

5
$$\begin{array}{r} 1\ 2\ 2 \\ \times\quad 3 \\ \hline 3\ 6\ 6 \end{array}$$

9
$$\begin{array}{r} 2\ 1\ 1 \\ \times\quad 4 \\ \hline 8\ 4\ 4 \end{array}$$

15
$$\begin{array}{r} 3\ 1\ 2 \\ \times\quad 3 \\ \hline 9\ 3\ 6 \end{array}$$

2
$$\begin{array}{r} 1\ 1\ 2 \\ \times\quad 4 \\ \hline 4\ 4\ 8 \end{array}$$

6
$$\begin{array}{r} 1\ 3\ 2 \\ \times\quad 3 \\ \hline 3\ 9\ 6 \end{array}$$

10
$$\begin{array}{r} 2\ 1\ 2 \\ \times\quad 3 \\ \hline 6\ 3\ 6 \end{array}$$

16
$$\begin{array}{r} 3\ 1\ 4 \\ \times\quad 2 \\ \hline 6\ 2\ 8 \end{array}$$

3
$$\begin{array}{r} 1\ 1\ 3 \\ \times\quad 3 \\ \hline 3\ 3\ 9 \end{array}$$

7
$$\begin{array}{r} 1\ 3\ 3 \\ \times\quad 2 \\ \hline 2\ 6\ 6 \end{array}$$

11
$$\begin{array}{r} 2\ 1\ 3 \\ \times\quad 2 \\ \hline 4\ 2\ 6 \end{array}$$

17
$$\begin{array}{r} 3\ 2\ 2 \\ \times\quad 2 \\ \hline 6\ 4\ 4 \end{array}$$

4
$$\begin{array}{r} 1\ 2\ 1 \\ \times\quad 4 \\ \hline 4\ 8\ 4 \end{array}$$

8
$$\begin{array}{r} 1\ 4\ 2 \\ \times\quad 2 \\ \hline 2\ 8\ 4 \end{array}$$

12
$$\begin{array}{r} 2\ 2\ 2 \\ \times\quad 4 \\ \hline 8\ 8\ 8 \end{array}$$

18
$$\begin{array}{r} 3\ 3\ 1 \\ \times\quad 3 \\ \hline 9\ 9\ 3 \end{array}$$

13
$$\begin{array}{r} 2\ 3\ 3 \\ \times\quad 3 \\ \hline 6\ 9\ 9 \end{array}$$

19
$$\begin{array}{r} 4\ 1\ 1 \\ \times\quad 2 \\ \hline 8\ 2\ 2 \end{array}$$

14
$$\begin{array}{r} 2\ 3\ 4 \\ \times\quad 2 \\ \hline 4\ 6\ 8 \end{array}$$

20
$$\begin{array}{r} 4\ 2\ 1 \\ \times\quad 2 \\ \hline 8\ 4\ 2 \end{array}$$

4

4

21
$$\begin{array}{r} 1\ 1\ 1 \\ \times\quad 7 \\ \hline 7\ 7\ 7 \end{array}$$

27
$$\begin{array}{r} 1\ 2\ 3 \\ \times\quad 3 \\ \hline 3\ 6\ 9 \end{array}$$

33 211×3=633
41 312×2=624

22
$$\begin{array}{r} 1\ 1\ 2 \\ \times\quad 3 \\ \hline 3\ 3\ 6 \end{array}$$

28
$$\begin{array}{r} 1\ 2\ 4 \\ \times\quad 2 \\ \hline 2\ 4\ 8 \end{array}$$

34 212×4=848
42 313×3=939

23
$$\begin{array}{r} 1\ 1\ 3 \\ \times\quad 2 \\ \hline 2\ 2\ 6 \end{array}$$

29
$$\begin{array}{r} 1\ 3\ 1 \\ \times\quad 3 \\ \hline 3\ 9\ 3 \end{array}$$

35 214×2=428
43 323×2=646

24
$$\begin{array}{r} 1\ 1\ 4 \\ \times\quad 2 \\ \hline 2\ 2\ 8 \end{array}$$

30
$$\begin{array}{r} 1\ 3\ 3 \\ \times\quad 3 \\ \hline 3\ 9\ 9 \end{array}$$

36 221×4=884
44 332×3=996

37 222×3=666
45 413×2=826

25
$$\begin{array}{r} 1\ 2\ 1 \\ \times\quad 2 \\ \hline 2\ 4\ 2 \end{array}$$

31
$$\begin{array}{r} 1\ 4\ 1 \\ \times\quad 2 \\ \hline 2\ 8\ 2 \end{array}$$

38 223×3=669
46 422×2=844

39 244×2=488
47 431×2=862

26
$$\begin{array}{r} 1\ 2\ 2 \\ \times\quad 4 \\ \hline 4\ 8\ 8 \end{array}$$

32
$$\begin{array}{r} 1\ 4\ 3 \\ \times\quad 2 \\ \hline 2\ 8\ 6 \end{array}$$

40 311×3=933
48 444×2=888

DAY 18 (세 자리 수)×(한 자리 수)
: 올림이 한 번 있는 경우

정답 18쪽 | 맞힌 개수: /48

136×2의 계산

● 계산해 보세요.

1
$$\begin{array}{r} 1\ 1\ 2 \\ \times\ \ \ \ \ \ 8 \\ \hline 8\ 9\ 6 \end{array}$$

2
$$\begin{array}{r} 1\ 2\ 3 \\ \times\ \ \ \ \ \ 4 \\ \hline 4\ 9\ 2 \end{array}$$

3
$$\begin{array}{r} 1\ 2\ 7 \\ \times\ \ \ \ \ \ 3 \\ \hline 3\ 8\ 1 \end{array}$$

4
$$\begin{array}{r} 1\ 4\ 5 \\ \times\ \ \ \ \ \ 2 \\ \hline 2\ 9\ 0 \end{array}$$

5
$$\begin{array}{r} 2\ 1\ 5 \\ \times\ \ \ \ \ \ 3 \\ \hline 6\ 4\ 5 \end{array}$$

6
$$\begin{array}{r} 2\ 1\ 6 \\ \times\ \ \ \ \ \ 4 \\ \hline 8\ 6\ 4 \end{array}$$

7
$$\begin{array}{r} 2\ 3\ 9 \\ \times\ \ \ \ \ \ 2 \\ \hline 4\ 7\ 8 \end{array}$$

8
$$\begin{array}{r} 2\ 4\ 7 \\ \times\ \ \ \ \ \ 2 \\ \hline 4\ 9\ 4 \end{array}$$

9
$$\begin{array}{r} 2\ 5\ 3 \\ \times\ \ \ \ \ \ 3 \\ \hline 7\ 5\ 9 \end{array}$$

10
$$\begin{array}{r} 2\ 8\ 4 \\ \times\ \ \ \ \ \ 2 \\ \hline 5\ 6\ 8 \end{array}$$

11
$$\begin{array}{r} 3\ 6\ 4 \\ \times\ \ \ \ \ \ 2 \\ \hline 7\ 2\ 8 \end{array}$$

12
$$\begin{array}{r} 3\ 7\ 2 \\ \times\ \ \ \ \ \ 2 \\ \hline 7\ 4\ 4 \end{array}$$

13
$$\begin{array}{r} 3\ 8\ 4 \\ \times\ \ \ \ \ \ 2 \\ \hline 7\ 6\ 8 \end{array}$$

14
$$\begin{array}{r} 4\ 6\ 1 \\ \times\ \ \ \ \ \ 2 \\ \hline 9\ 2\ 2 \end{array}$$

15
$$\begin{array}{r} 5\ 1\ 4 \\ \times\ \ \ \ \ \ 2 \\ \hline 1\ 0\ 2\ 8 \end{array}$$

16
$$\begin{array}{r} 6\ 2\ 2 \\ \times\ \ \ \ \ \ 4 \\ \hline 2\ 4\ 8\ 8 \end{array}$$

17
$$\begin{array}{r} 7\ 1\ 1 \\ \times\ \ \ \ \ \ 5 \\ \hline 3\ 5\ 5\ 5 \end{array}$$

18
$$\begin{array}{r} 7\ 2\ 4 \\ \times\ \ \ \ \ \ 2 \\ \hline 1\ 4\ 4\ 8 \end{array}$$

19
$$\begin{array}{r} 8\ 3\ 3 \\ \times\ \ \ \ \ \ 3 \\ \hline 2\ 4\ 9\ 9 \end{array}$$

20
$$\begin{array}{r} 9\ 2\ 1 \\ \times\ \ \ \ \ \ 4 \\ \hline 3\ 6\ 8\ 4 \end{array}$$

정답 18쪽

21
$$\begin{array}{r} 1\ 1\ 3 \\ \times\ \ \ \ \ \ 7 \\ \hline 7\ 9\ 1 \end{array}$$

22
$$\begin{array}{r} 1\ 1\ 6 \\ \times\ \ \ \ \ \ 6 \\ \hline 6\ 9\ 6 \end{array}$$

23
$$\begin{array}{r} 1\ 2\ 4 \\ \times\ \ \ \ \ \ 4 \\ \hline 4\ 9\ 6 \end{array}$$

24
$$\begin{array}{r} 1\ 2\ 5 \\ \times\ \ \ \ \ \ 3 \\ \hline 3\ 7\ 5 \end{array}$$

25
$$\begin{array}{r} 1\ 2\ 9 \\ \times\ \ \ \ \ \ 2 \\ \hline 2\ 5\ 8 \end{array}$$

26
$$\begin{array}{r} 1\ 3\ 8 \\ \times\ \ \ \ \ \ 2 \\ \hline 2\ 7\ 6 \end{array}$$

27
$$\begin{array}{r} 1\ 4\ 7 \\ \times\ \ \ \ \ \ 2 \\ \hline 2\ 9\ 4 \end{array}$$

28
$$\begin{array}{r} 2\ 1\ 4 \\ \times\ \ \ \ \ \ 3 \\ \hline 6\ 4\ 2 \end{array}$$

29
$$\begin{array}{r} 2\ 1\ 4 \\ \times\ \ \ \ \ \ 4 \\ \hline 8\ 5\ 6 \end{array}$$

30
$$\begin{array}{r} 2\ 2\ 3 \\ \times\ \ \ \ \ \ 4 \\ \hline 8\ 9\ 2 \end{array}$$

31
$$\begin{array}{r} 2\ 3\ 5 \\ \times\ \ \ \ \ \ 2 \\ \hline 4\ 7\ 0 \end{array}$$

32
$$\begin{array}{r} 2\ 3\ 7 \\ \times\ \ \ \ \ \ 2 \\ \hline 4\ 7\ 4 \end{array}$$

33 $242×3=726$

34 $281×2=562$

35 $351×2=702$

36 $373×2=746$

37 $382×2=764$

38 $463×2=926$

39 $484×2=968$

40 $491×2=982$

41 $521×4=2084$

42 $542×2=1084$

43 $622×3=1866$

44 $642×2=1284$

45 $711×7=4977$

46 $723×3=2169$

47 $834×2=1668$

48 $911×9=8199$

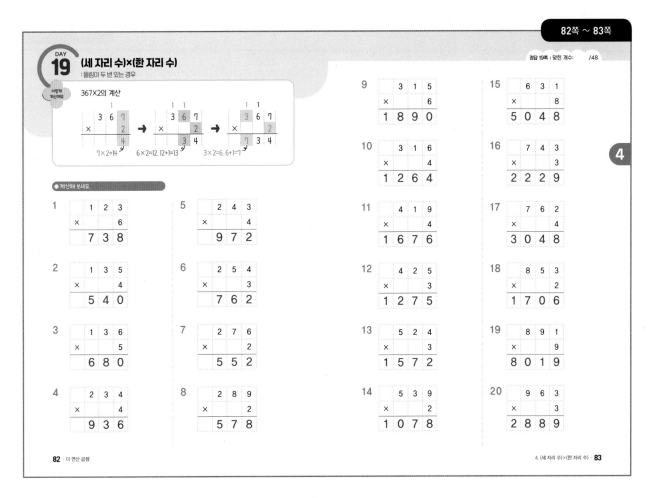

DAY 19 (세 자리 수)×(한 자리 수)
: 올림이 두 번 있는 경우

정답 19쪽 | 맞힌 개수: /48

367×2의 계산

```
    1             1 1           1 1
  3 6 7         3 6 7         3 6 7
× 2       →   × 2       →   × 2
    4             3 4           7 3 4
7×2=14       6×2=12, 12+1=13   3×2=6, 6+1=7
```

● 계산해 보세요.

1
```
  1 2 3
×     6
  7 3 8
```

2
```
  1 3 5
×     4
  5 4 0
```

3
```
  1 3 6
×     5
  6 8 0
```

4
```
  2 3 4
×     4
  9 3 6
```

5
```
  2 4 3
×     4
  9 7 2
```

6
```
  2 5 4
×     3
  7 6 2
```

7
```
  2 7 6
×     2
  5 5 2
```

8
```
  2 8 9
×     2
  5 7 8
```

9
```
    3 1 5
×       6
  1 8 9 0
```

10
```
    3 1 6
×       4
  1 2 6 4
```

11
```
    4 1 9
×       4
  1 6 7 6
```

12
```
    4 2 5
×       3
  1 2 7 5
```

13
```
    5 2 4
×       3
  1 5 7 2
```

14
```
    5 3 9
×       2
  1 0 7 8
```

15
```
    6 3 1
×       8
  5 0 4 8
```

16
```
    7 4 3
×       3
  2 2 2 9
```

17
```
    7 6 2
×       4
  3 0 4 8
```

18
```
    8 5 3
×       2
  1 7 0 6
```

19
```
    8 9 1
×       9
  8 0 1 9
```

20
```
    9 6 3
×       3
  2 8 8 9
```

82 · 더 연산 곱셈

4. (세 자리 수)×(한 자리 수) · 83

4

21
```
  1 2 7
×     7
  8 8 9
```

22
```
  1 2 9
×     5
  6 4 5
```

23
```
  1 3 2
×     5
  6 6 0
```

24
```
  1 4 7
×     3
  4 4 1
```

25
```
  1 4 8
×     6
  8 8 8
```

26
```
  1 5 6
×     3
  4 6 8
```

27
```
    2 1 2
×       7
  1 4 8 4
```

28
```
    2 1 6
×       6
  1 2 9 6
```

29
```
    3 1 8
×       4
  1 2 7 2
```

30
```
    3 2 4
×       4
  1 2 9 6
```

31
```
    3 4 2
×       4
  1 3 6 8
```

32
```
    3 8 1
×       4
  1 5 2 4
```

33 381×5=1905

34 412×7=2884

35 456×2=912

36 486×2=972

37 515×4=2060

38 542×3=1626

39 581×3=1743

40 613×6=3678

41 632×4=2528

42 672×2=1344

43 751×3=2253

44 792×4=3168

45 836×2=1672

46 863×2=1726

47 917×3=2751

48 951×4=3804

84 · 더 연산 곱셈

4. (세 자리 수)×(한 자리 수) · 85

4

정답 · 19

DAY 20 (세 자리 수)×(한 자리 수)
: 올림이 세 번 있는 경우

정답 20쪽 | 맞힌 개수:　　/48

678×2의 계산

$$
\begin{array}{r} 6\,7\,8 \\ \times \quad\ 2 \\ \hline 6 \end{array}
\rightarrow
\begin{array}{r} 6\,7\,8 \\ \times \quad\ 2 \\ \hline 5\,6 \end{array}
\rightarrow
\begin{array}{r} 6\,7\,8 \\ \times \quad\ 2 \\ \hline 1\,3\,5\,6 \end{array}
$$

8×2=16　　7×2=14, 14+1=15　　6×2=12, 12+1=13

● 계산해 보세요.

1.
$$\begin{array}{r} 2\,3\,4 \\ \times\quad 5 \\ \hline 1\,1\,7\,0 \end{array}$$

2.
$$\begin{array}{r} 2\,5\,7 \\ \times\quad 6 \\ \hline 1\,5\,4\,2 \end{array}$$

3.
$$\begin{array}{r} 3\,6\,3 \\ \times\quad 4 \\ \hline 1\,4\,5\,2 \end{array}$$

4.
$$\begin{array}{r} 3\,8\,5 \\ \times\quad 6 \\ \hline 2\,3\,1\,0 \end{array}$$

5.
$$\begin{array}{r} 4\,4\,7 \\ \times\quad 3 \\ \hline 1\,3\,4\,1 \end{array}$$

6.
$$\begin{array}{r} 4\,6\,2 \\ \times\quad 5 \\ \hline 2\,3\,1\,0 \end{array}$$

7.
$$\begin{array}{r} 5\,3\,9 \\ \times\quad 4 \\ \hline 2\,1\,5\,6 \end{array}$$

8.
$$\begin{array}{r} 5\,6\,7 \\ \times\quad 2 \\ \hline 1\,1\,3\,4 \end{array}$$

9.
$$\begin{array}{r} 5\,8\,4 \\ \times\quad 3 \\ \hline 1\,7\,5\,2 \end{array}$$

10.
$$\begin{array}{r} 6\,2\,2 \\ \times\quad 5 \\ \hline 3\,1\,1\,0 \end{array}$$

11.
$$\begin{array}{r} 6\,4\,8 \\ \times\quad 3 \\ \hline 1\,9\,4\,4 \end{array}$$

12.
$$\begin{array}{r} 6\,6\,9 \\ \times\quad 7 \\ \hline 4\,6\,8\,3 \end{array}$$

13.
$$\begin{array}{r} 7\,4\,7 \\ \times\quad 3 \\ \hline 2\,2\,4\,1 \end{array}$$

14.
$$\begin{array}{r} 7\,5\,3 \\ \times\quad 4 \\ \hline 3\,0\,1\,2 \end{array}$$

15.
$$\begin{array}{r} 8\,4\,8 \\ \times\quad 6 \\ \hline 5\,0\,8\,8 \end{array}$$

16.
$$\begin{array}{r} 8\,5\,5 \\ \times\quad 3 \\ \hline 2\,5\,6\,5 \end{array}$$

17.
$$\begin{array}{r} 8\,9\,6 \\ \times\quad 4 \\ \hline 3\,5\,8\,4 \end{array}$$

18.
$$\begin{array}{r} 9\,2\,4 \\ \times\quad 9 \\ \hline 8\,3\,1\,6 \end{array}$$

19.
$$\begin{array}{r} 9\,4\,6 \\ \times\quad 3 \\ \hline 2\,8\,3\,8 \end{array}$$

20.
$$\begin{array}{r} 9\,8\,7 \\ \times\quad 8 \\ \hline 7\,8\,9\,6 \end{array}$$

4

정답 20쪽

21.
$$\begin{array}{r} 2\,4\,6 \\ \times\quad 8 \\ \hline 1\,9\,6\,8 \end{array}$$

22.
$$\begin{array}{r} 2\,5\,8 \\ \times\quad 5 \\ \hline 1\,2\,9\,0 \end{array}$$

23.
$$\begin{array}{r} 2\,7\,8 \\ \times\quad 7 \\ \hline 1\,9\,4\,6 \end{array}$$

24.
$$\begin{array}{r} 2\,8\,2 \\ \times\quad 6 \\ \hline 1\,6\,9\,2 \end{array}$$

25.
$$\begin{array}{r} 3\,3\,3 \\ \times\quad 5 \\ \hline 1\,6\,6\,5 \end{array}$$

26.
$$\begin{array}{r} 3\,5\,8 \\ \times\quad 4 \\ \hline 1\,4\,3\,2 \end{array}$$

27.
$$\begin{array}{r} 3\,6\,9 \\ \times\quad 7 \\ \hline 2\,5\,8\,3 \end{array}$$

28.
$$\begin{array}{r} 3\,8\,9 \\ \times\quad 8 \\ \hline 3\,1\,1\,2 \end{array}$$

29.
$$\begin{array}{r} 4\,3\,7 \\ \times\quad 4 \\ \hline 1\,7\,4\,8 \end{array}$$

30.
$$\begin{array}{r} 4\,5\,6 \\ \times\quad 5 \\ \hline 2\,2\,8\,0 \end{array}$$

31.
$$\begin{array}{r} 4\,7\,8 \\ \times\quad 4 \\ \hline 1\,9\,1\,2 \end{array}$$

32.
$$\begin{array}{r} 4\,9\,9 \\ \times\quad 3 \\ \hline 1\,4\,9\,7 \end{array}$$

33. $542×5=2710$

34. $569×4=2276$

35. $585×3=1755$

36. $633×4=2532$

37. $658×4=2632$

38. $673×5=3365$

39. $733×4=2932$

40. $748×9=6732$

41. $757×8=6056$

42. $776×2=1552$

43. $823×6=4938$

44. $842×5=4210$

45. $876×4=3504$

46. $934×4=3736$

47. $955×3=2865$

48. $965×4=3860$

4

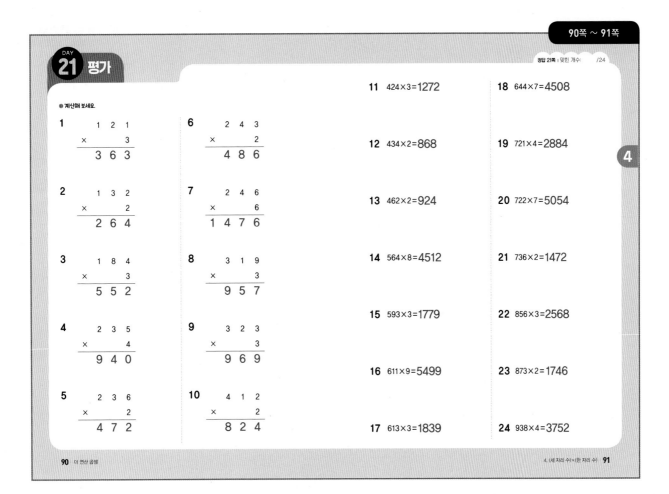

숨은그림 찾기

☆

정답 21쪽

≫ 숨은 그림 8개를 찾아보세요.

DAY 22 (몇십)×(몇십), (몇십몇)×(몇십)

정답 22쪽 | 맞힌 개수: /48

이렇게 계산해요

● 20×30의 계산

$$\begin{array}{r} 2\ 0 \\ \times\ 3\ 0 \\ \hline 6\ 0\ 0 \end{array}$$ 0을 2개 붙여요.

2×3=6

● 15×30의 계산

$$\begin{array}{r} 1\ 5 \\ \times\ 3\ 0 \\ \hline 4\ 5\ 0 \end{array}$$ 0을 1개 붙여요.

15×3=45

● 계산해 보세요.

1
$$\begin{array}{r} 1\ 0 \\ \times\ 8\ 0 \\ \hline 8\ 0\ 0 \end{array}$$

2
$$\begin{array}{r} 2\ 0 \\ \times\ 4\ 0 \\ \hline 8\ 0\ 0 \end{array}$$

3
$$\begin{array}{r} 3\ 0 \\ \times\ 6\ 0 \\ \hline 1\ 8\ 0\ 0 \end{array}$$

4
$$\begin{array}{r} 4\ 0 \\ \times\ 3\ 0 \\ \hline 1\ 2\ 0\ 0 \end{array}$$

5
$$\begin{array}{r} 5\ 0 \\ \times\ 9\ 0 \\ \hline 4\ 5\ 0\ 0 \end{array}$$

6
$$\begin{array}{r} 6\ 0 \\ \times\ 5\ 0 \\ \hline 3\ 0\ 0\ 0 \end{array}$$

7
$$\begin{array}{r} 7\ 0 \\ \times\ 7\ 0 \\ \hline 4\ 9\ 0\ 0 \end{array}$$

8
$$\begin{array}{r} 8\ 0 \\ \times\ 2\ 0 \\ \hline 1\ 6\ 0\ 0 \end{array}$$

9
$$\begin{array}{r} 1\ 4 \\ \times\ 6\ 0 \\ \hline 8\ 4\ 0 \end{array}$$

10
$$\begin{array}{r} 2\ 3 \\ \times\ 4\ 0 \\ \hline 9\ 2\ 0 \end{array}$$

11
$$\begin{array}{r} 2\ 8 \\ \times\ 7\ 0 \\ \hline 1\ 9\ 6\ 0 \end{array}$$

12
$$\begin{array}{r} 3\ 6 \\ \times\ 8\ 0 \\ \hline 2\ 8\ 8\ 0 \end{array}$$

13
$$\begin{array}{r} 4\ 9 \\ \times\ 3\ 0 \\ \hline 1\ 4\ 7\ 0 \end{array}$$

14
$$\begin{array}{r} 5\ 2 \\ \times\ 6\ 0 \\ \hline 3\ 1\ 2\ 0 \end{array}$$

15
$$\begin{array}{r} 6\ 5 \\ \times\ 7\ 0 \\ \hline 4\ 5\ 5\ 0 \end{array}$$

16
$$\begin{array}{r} 7\ 1 \\ \times\ 2\ 0 \\ \hline 1\ 4\ 2\ 0 \end{array}$$

17
$$\begin{array}{r} 7\ 4 \\ \times\ 3\ 0 \\ \hline 2\ 2\ 2\ 0 \end{array}$$

18
$$\begin{array}{r} 8\ 3 \\ \times\ 9\ 0 \\ \hline 7\ 4\ 7\ 0 \end{array}$$

19
$$\begin{array}{r} 9\ 7 \\ \times\ 2\ 0 \\ \hline 1\ 9\ 4\ 0 \end{array}$$

20
$$\begin{array}{r} 9\ 8 \\ \times\ 5\ 0 \\ \hline 4\ 9\ 0\ 0 \end{array}$$

정답 22쪽

21
$$\begin{array}{r} 2\ 0 \\ \times\ 7\ 0 \\ \hline 1\ 4\ 0\ 0 \end{array}$$

22
$$\begin{array}{r} 2\ 0 \\ \times\ 9\ 0 \\ \hline 1\ 8\ 0\ 0 \end{array}$$

23
$$\begin{array}{r} 3\ 0 \\ \times\ 4\ 0 \\ \hline 1\ 2\ 0\ 0 \end{array}$$

24
$$\begin{array}{r} 3\ 0 \\ \times\ 8\ 0 \\ \hline 2\ 4\ 0\ 0 \end{array}$$

25
$$\begin{array}{r} 4\ 0 \\ \times\ 5\ 0 \\ \hline 2\ 0\ 0\ 0 \end{array}$$

26
$$\begin{array}{r} 4\ 0 \\ \times\ 8\ 0 \\ \hline 3\ 2\ 0\ 0 \end{array}$$

27
$$\begin{array}{r} 1\ 6 \\ \times\ 2\ 0 \\ \hline 3\ 2\ 0 \end{array}$$

28
$$\begin{array}{r} 2\ 4 \\ \times\ 5\ 0 \\ \hline 1\ 2\ 0\ 0 \end{array}$$

29
$$\begin{array}{r} 3\ 3 \\ \times\ 8\ 0 \\ \hline 2\ 6\ 4\ 0 \end{array}$$

30
$$\begin{array}{r} 4\ 6 \\ \times\ 2\ 0 \\ \hline 9\ 2\ 0 \end{array}$$

31
$$\begin{array}{r} 4\ 7 \\ \times\ 9\ 0 \\ \hline 4\ 2\ 3\ 0 \end{array}$$

32
$$\begin{array}{r} 5\ 3 \\ \times\ 3\ 0 \\ \hline 1\ 5\ 9\ 0 \end{array}$$

33 50×20 = 1000

34 50×70 = 3500

35 60×60 = 3600

36 60×90 = 5400

37 70×20 = 1400

38 70×90 = 6300

39 80×70 = 5600

40 90×40 = 3600

41 55×70 = 3850

42 64×80 = 5120

43 68×40 = 2720

44 72×70 = 5040

45 78×40 = 3120

46 85×60 = 5100

47 87×30 = 2610

48 92×60 = 5520

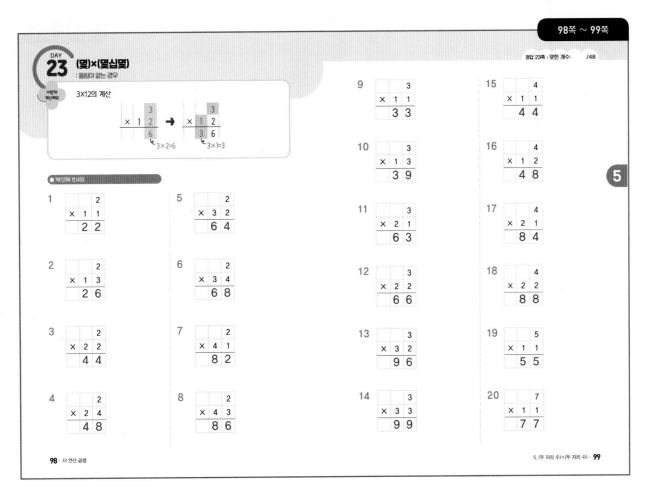

DAY 23 (몇)×(몇십몇)
: 올림이 없는 경우

정답 23쪽 | 맞힌 개수: /48

어떻게 계산해요Q

3×12의 계산

$$\begin{array}{r} 3 \\ \times\ 1\ 2 \\ \hline 6 \end{array} \rightarrow \begin{array}{r} 3 \\ \times\ 1\ 2 \\ \hline 3\ 6 \end{array}$$
3×2=6   3×1=3

● 계산해 보세요.

1
$$\begin{array}{r} 2 \\ \times\ 1\ 1 \\ \hline 2\ 2 \end{array}$$

2
$$\begin{array}{r} 2 \\ \times\ 1\ 3 \\ \hline 2\ 6 \end{array}$$

3
$$\begin{array}{r} 2 \\ \times\ 2\ 2 \\ \hline 4\ 4 \end{array}$$

4
$$\begin{array}{r} 2 \\ \times\ 2\ 4 \\ \hline 4\ 8 \end{array}$$

5
$$\begin{array}{r} 2 \\ \times\ 3\ 2 \\ \hline 6\ 4 \end{array}$$

6
$$\begin{array}{r} 2 \\ \times\ 3\ 4 \\ \hline 6\ 8 \end{array}$$

7
$$\begin{array}{r} 2 \\ \times\ 4\ 1 \\ \hline 8\ 2 \end{array}$$

8
$$\begin{array}{r} 2 \\ \times\ 4\ 3 \\ \hline 8\ 6 \end{array}$$

9
$$\begin{array}{r} 3 \\ \times\ 1\ 1 \\ \hline 3\ 3 \end{array}$$

10
$$\begin{array}{r} 3 \\ \times\ 1\ 3 \\ \hline 3\ 9 \end{array}$$

11
$$\begin{array}{r} 3 \\ \times\ 2\ 1 \\ \hline 6\ 3 \end{array}$$

12
$$\begin{array}{r} 3 \\ \times\ 2\ 2 \\ \hline 6\ 6 \end{array}$$

13
$$\begin{array}{r} 3 \\ \times\ 3\ 2 \\ \hline 9\ 6 \end{array}$$

14
$$\begin{array}{r} 3 \\ \times\ 3\ 3 \\ \hline 9\ 9 \end{array}$$

15
$$\begin{array}{r} 4 \\ \times\ 1\ 1 \\ \hline 4\ 4 \end{array}$$

16
$$\begin{array}{r} 4 \\ \times\ 1\ 2 \\ \hline 4\ 8 \end{array}$$

17
$$\begin{array}{r} 4 \\ \times\ 2\ 1 \\ \hline 8\ 4 \end{array}$$

18
$$\begin{array}{r} 4 \\ \times\ 2\ 2 \\ \hline 8\ 8 \end{array}$$

19
$$\begin{array}{r} 5 \\ \times\ 1\ 1 \\ \hline 5\ 5 \end{array}$$

20
$$\begin{array}{r} 7 \\ \times\ 1\ 1 \\ \hline 7\ 7 \end{array}$$

21
$$\begin{array}{r} 2 \\ \times\ 1\ 1 \\ \hline 2\ 2 \end{array}$$

22
$$\begin{array}{r} 2 \\ \times\ 1\ 2 \\ \hline 2\ 4 \end{array}$$

23
$$\begin{array}{r} 2 \\ \times\ 1\ 3 \\ \hline 2\ 6 \end{array}$$

24
$$\begin{array}{r} 2 \\ \times\ 1\ 4 \\ \hline 2\ 8 \end{array}$$

25
$$\begin{array}{r} 2 \\ \times\ 2\ 1 \\ \hline 4\ 2 \end{array}$$

26
$$\begin{array}{r} 2 \\ \times\ 2\ 3 \\ \hline 4\ 6 \end{array}$$

27
$$\begin{array}{r} 2 \\ \times\ 2\ 4 \\ \hline 4\ 8 \end{array}$$

28
$$\begin{array}{r} 2 \\ \times\ 3\ 1 \\ \hline 6\ 2 \end{array}$$

29
$$\begin{array}{r} 2 \\ \times\ 3\ 3 \\ \hline 6\ 6 \end{array}$$

30
$$\begin{array}{r} 2 \\ \times\ 3\ 4 \\ \hline 6\ 8 \end{array}$$

31
$$\begin{array}{r} 2 \\ \times\ 4\ 1 \\ \hline 8\ 2 \end{array}$$

32
$$\begin{array}{r} 2 \\ \times\ 4\ 2 \\ \hline 8\ 4 \end{array}$$

33 2×43=86

34 2×44=88

35 3×11=33

36 3×12=36

37 3×21=63

38 3×22=66

39 3×23=69

40 3×31=93

41 3×32=96

42 3×33=99

43 4×12=48

44 4×21=84

45 4×22=88

46 6×11=66

47 8×11=88

48 9×11=99

정답 · 23

정답

DAY 24 (몇)×(몇십몇)
: 올림이 있는 경우

3×46의 계산

● 계산해 보세요.

1	2 ×36 = 72	5	4 ×63 = 252	9	6 ×23 = 138	15	8 ×25 = 200
2	2 ×55 = 110	6	4 ×74 = 296	10	6 ×46 = 276	16	8 ×56 = 448
3	3 ×27 = 81	7	5 ×38 = 190	11	6 ×58 = 348	17	8 ×69 = 552
4	3 ×89 = 267	8	5 ×42 = 210	12	7 ×24 = 168	18	9 ×22 = 198
				13	7 ×78 = 546	19	9 ×53 = 477
				14	7 ×93 = 651	20	9 ×74 = 666

21	2 ×28 = 56	27	3 ×54 = 162	33	5×13=65	41	7×57=399
22	2 ×49 = 98	28	3 ×98 = 294	34	5×24=120	42	7×84=588
23	2 ×77 = 154	29	4 ×28 = 112	35	5×65=325	43	8×12=96
24	2 ×95 = 190	30	4 ×34 = 136	36	6×18=108	44	8×45=360
25	2 ×25 = 75	31	4 ×86 = 344	37	6×65=390	45	8×73=584
26	3 ×38 = 114	32	4 ×95 = 380	38	6×72=432	46	9×26=234
				39	7×39=273	47	9×64=576
				40	7×43=301	48	9×97=873

DAY 25 (몇십몇)×(몇십몇)
: 올림이 없는 경우

14×21의 계산

```
    1 4          1 4            1 4
  × 2 1    →   × 2 1    →     × 2 1
    1 4          1 4            1 4  ← 14×1
                2 8 0          2 8 0  ← 14×20
                               2 9 4
```

● 계산해 보세요.

1
```
    1 1
  × 3 8
    8 8
  3 3 0
  4 1 8
```

2
```
    1 2
  × 2 3
    3 6
  2 4 0
  2 7 6
```

3
```
    1 3
  × 2 2
    2 6
  2 6 0
  2 8 6
```

4
```
    1 4
  × 1 2
    2 8
  1 4 0
  1 6 8
```

5
```
    2 1
  × 4 3
    6 3
  8 4 0
  9 0 3
```

6
```
    2 2
  × 3 3
    6 6
  6 6 0
  7 2 6
```

7
```
    2 3
  × 3 1
    2 3
  6 9 0
  7 1 3
```

8
```
    2 4
  × 2 2
    4 8
  4 8 0
  5 2 8
```

9
```
    3 1
  × 1 3
    9 3
  3 1 0
  4 0 3
```

10
```
    3 2
  × 1 2
    6 4
  3 2 0
  3 8 4
```

11
```
    3 3
  × 2 3
    9 9
  6 6 0
  7 5 9
```

12
```
    4 1
  × 1 2
    8 2
  4 1 0
  4 9 2
```

13
```
    4 4
  × 2 1
    4 4
  8 8 0
  9 2 4
```

14
```
    5 4
  × 1 1
    5 4
  5 4 0
  5 9 4
```

15
```
    1 1
  × 2 1
  2 3 1
```

16
```
    1 1
  × 4 3
  4 7 3
```

17
```
    1 1
  × 8 9
  9 7 9
```

18
```
    1 2
  × 1 2
  1 4 4
```

19
```
    1 2
  × 2 4
  2 8 8
```

20
```
    1 2
  × 3 3
  3 9 6
```

21
```
    1 2
  × 4 2
  5 0 4
```

22
```
    1 3
  × 1 2
  1 5 6
```

23
```
    1 3
  × 2 1
  2 7 3
```

24
```
    1 3
  × 2 3
  2 9 9
```

25
```
    1 4
  × 1 1
  1 5 4
```

26
```
    1 4
  × 2 2
  3 0 8
```

27 21×23=483

28 21×42=882

29 22×11=242

30 22×22=484

31 22×32=704

32 23×23=529

33 23×32=736

34 24×21=504

35 31×32=992

36 32×21=672

37 33×13=429

38 34×21=714

39 43×12=516

40 44×22=968

41 73×11=803

42 84×11=924

DAY 26 (몇십몇)×(몇십몇)
: 올림이 한 번 있는 경우

정답 26쪽 | 맞힌 개수: /42

13×24의 계산

$$\begin{array}{r} 1 \\ 1\ 3 \\ \times\ 2\ 4 \\ \hline 5\ 2 \end{array}$$
→
$$\begin{array}{r} 1\ 3 \\ \times\ 2\ 4 \\ \hline 5\ 2 \\ 2\ 6\ 0 \end{array}$$
→
$$\begin{array}{r} 1\ 3 \\ \times\ 2\ 4 \\ \hline 5\ 2 \leftarrow 13\times4 \\ 2\ 6\ 0 \leftarrow 13\times20 \\ \hline 3\ 1\ 2 \end{array}$$

● 계산해 보세요.

1
$$\begin{array}{r} 1\ 2 \\ \times\ 1\ 7 \\ \hline 8\ 4 \\ 1\ 2\ 0 \\ \hline 2\ 0\ 4 \end{array}$$

2
$$\begin{array}{r} 1\ 6 \\ \times\ 3\ 1 \\ \hline 1\ 6 \\ 4\ 8\ 0 \\ \hline 4\ 9\ 6 \end{array}$$

3
$$\begin{array}{r} 2\ 3 \\ \times\ 2\ 4 \\ \hline 9\ 2 \\ 4\ 6\ 0 \\ \hline 5\ 5\ 2 \end{array}$$

4
$$\begin{array}{r} 2\ 6 \\ \times\ 3\ 1 \\ \hline 2\ 6 \\ 7\ 8\ 0 \\ \hline 8\ 0\ 6 \end{array}$$

5
$$\begin{array}{r} 3\ 5 \\ \times\ 1\ 2 \\ \hline 7\ 0 \\ 3\ 5\ 0 \\ \hline 4\ 2\ 0 \end{array}$$

6
$$\begin{array}{r} 3\ 8 \\ \times\ 2\ 1 \\ \hline 3\ 8 \\ 7\ 6\ 0 \\ \hline 7\ 9\ 8 \end{array}$$

7
$$\begin{array}{r} 4\ 6 \\ \times\ 1\ 2 \\ \hline 9\ 2 \\ 4\ 6\ 0 \\ \hline 5\ 5\ 2 \end{array}$$

8
$$\begin{array}{r} 4\ 7 \\ \times\ 2\ 1 \\ \hline 4\ 7 \\ 9\ 4\ 0 \\ \hline 9\ 8\ 7 \end{array}$$

9
$$\begin{array}{r} 5\ 2 \\ \times\ 1\ 4 \\ \hline 2\ 0\ 8 \\ 5\ 2\ 0 \\ \hline 7\ 2\ 8 \end{array}$$

10
$$\begin{array}{r} 6\ 1 \\ \times\ 1\ 9 \\ \hline 5\ 4\ 9 \\ 6\ 1\ 0 \\ \hline 1\ 1\ 5\ 9 \end{array}$$

11
$$\begin{array}{r} 7\ 1 \\ \times\ 1\ 5 \\ \hline 3\ 5\ 5 \\ 7\ 1\ 0 \\ \hline 1\ 0\ 6\ 5 \end{array}$$

12
$$\begin{array}{r} 8\ 2 \\ \times\ 4\ 1 \\ \hline 8\ 2 \\ 3\ 2\ 8\ 0 \\ \hline 3\ 3\ 6\ 2 \end{array}$$

13
$$\begin{array}{r} 8\ 4 \\ \times\ 2\ 1 \\ \hline 8\ 4 \\ 1\ 6\ 8\ 0 \\ \hline 1\ 7\ 6\ 4 \end{array}$$

14
$$\begin{array}{r} 9\ 3 \\ \times\ 2\ 1 \\ \hline 9\ 3 \\ 1\ 8\ 6\ 0 \\ \hline 1\ 9\ 5\ 3 \end{array}$$

정답 26쪽

15
$$\begin{array}{r} 1\ 3 \\ \times\ 3\ 7 \\ \hline 4\ 8\ 1 \end{array}$$

16
$$\begin{array}{r} 1\ 5 \\ \times\ 4\ 1 \\ \hline 6\ 1\ 5 \end{array}$$

17
$$\begin{array}{r} 1\ 8 \\ \times\ 1\ 5 \\ \hline 2\ 7\ 0 \end{array}$$

18
$$\begin{array}{r} 2\ 4 \\ \times\ 3\ 2 \\ \hline 7\ 6\ 8 \end{array}$$

19
$$\begin{array}{r} 2\ 6 \\ \times\ 1\ 2 \\ \hline 3\ 1\ 2 \end{array}$$

20
$$\begin{array}{r} 2\ 9 \\ \times\ 3\ 1 \\ \hline 8\ 9\ 9 \end{array}$$

21
$$\begin{array}{r} 3\ 4 \\ \times\ 1\ 3 \\ \hline 4\ 4\ 2 \end{array}$$

22
$$\begin{array}{r} 3\ 4 \\ \times\ 3\ 1 \\ \hline 1\ 0\ 5\ 4 \end{array}$$

23
$$\begin{array}{r} 3\ 6 \\ \times\ 1\ 2 \\ \hline 4\ 3\ 2 \end{array}$$

24
$$\begin{array}{r} 3\ 7 \\ \times\ 3\ 1 \\ \hline 1\ 1\ 4\ 7 \end{array}$$

25
$$\begin{array}{r} 4\ 5 \\ \times\ 1\ 2 \\ \hline 5\ 4\ 0 \end{array}$$

26
$$\begin{array}{r} 4\ 8 \\ \times\ 2\ 1 \\ \hline 1\ 0\ 0\ 8 \end{array}$$

27 49×12=588

28 51×41=2091

29 52×13=676

30 53×31=1643

31 62×13=806

32 63×21=1323

33 64×12=768

34 71×41=2911

35 73×13=949

36 74×21=1554

37 82×14=1148

38 83×31=2573

39 84×12=1008

40 91×51=4641

41 92×13=1196

42 94×21=1974

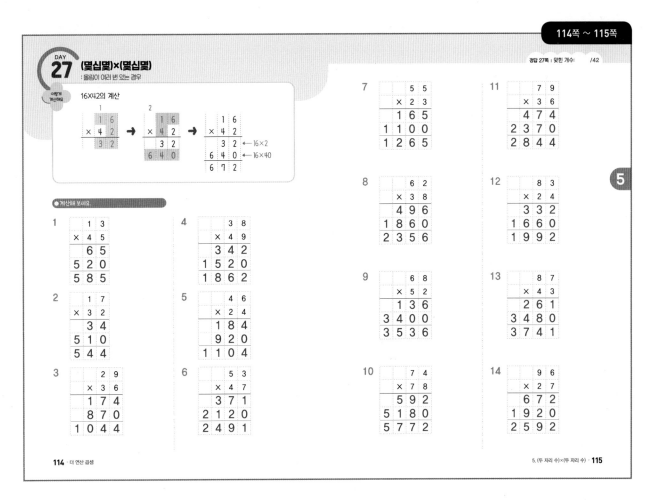

어떻게 계산해요 16×42의 계산

7
```
      5 5
  ×   2 3
    1 6 5
  1 1 0 0
  1 2 6 5
```

11
```
      7 9
  ×   3 6
    4 7 4
  2 3 7 0
  2 8 4 4
```

● 계산해 보세요.

1
```
      1 3
  ×   4 5
      6 5
  5 2 0
  5 8 5
```

4
```
      3 8
  ×   4 9
    3 4 2
  1 5 2 0
  1 8 6 2
```

8
```
      6 2
  ×   3 8
    4 9 6
  1 8 6 0
  2 3 5 6
```

12
```
      8 3
  ×   2 4
    3 3 2
  1 6 6 0
  1 9 9 2
```

2
```
      1 7
  ×   3 2
      3 4
  5 1 0
  5 4 4
```

5
```
      4 6
  ×   2 4
    1 8 4
  9 2 0
  1 1 0 4
```

9
```
      6 8
  ×   5 2
    1 3 6
  3 4 0 0
  3 5 3 6
```

13
```
      8 7
  ×   4 3
    2 6 1
  3 4 8 0
  3 7 4 1
```

3
```
      2 9
  ×   3 6
    1 7 4
  8 7 0
  1 0 4 4
```

6
```
      5 3
  ×   4 7
    3 7 1
  2 1 2 0
  2 4 9 1
```

10
```
      7 4
  ×   7 8
    5 9 2
  5 1 8 0
  5 7 7 2
```

14
```
      9 6
  ×   2 7
    6 7 2
  1 9 2 0
  2 5 9 2
```

15
```
      1 4
  ×   4 8
  6 7 2
```

21
```
      3 4
  ×   5 8
  1 9 7 2
```

27 48×27=1296

35 73×64=4672

16
```
      1 7
  ×   3 7
  6 2 9
```

22
```
      3 6
  ×   7 4
  2 6 6 4
```

28 51×36=1836

36 74×34=2516

17
```
      1 8
  ×   2 5
  4 5 0
```

23
```
      3 9
  ×   2 6
  1 0 1 4
```

29 53×72=3816

37 82×35=2870

18
```
      2 3
  ×   4 5
  1 0 3 5
```

24
```
      4 2
  ×   5 1
  2 1 4 2
```

30 59×43=2537

38 83×46=3818

19
```
      2 5
  ×   6 7
  1 6 7 5
```

25
```
      4 5
  ×   4 3
  1 9 3 5
```

31 62×53=3286

39 84×27=2268

32 63×45=2835

40 91×58=5278

33 64×38=2432

41 92×24=2208

20
```
      2 8
  ×   5 9
  1 6 5 2
```

26
```
      4 7
  ×   6 3
  2 9 6 1
```

34 71×32=2272

42 94×39=3666

정답

DAY 28 평가

정답 28쪽 | 맞힌 개수: /24

● 계산해 보세요.

1
```
      2
  ×  3  9
 ─────────
     7  8
```

2
```
      2
  ×  4  2
 ─────────
     8  4
```

3
```
      3
  ×  2  3
 ─────────
     6  9
```

4
```
      3
  ×  3  1
 ─────────
     9  3
```

5
```
      4
  ×  2  2
 ─────────
     8  8
```

6
```
      4
  ×  4  3
 ─────────
   1  7  2
```

7
```
      5
  ×  2  6
 ─────────
   1  3  0
```

8
```
      8
  ×  3  4
 ─────────
   2  7  2
```

9
```
   1  1
  ×  2  4
 ─────────
   2  6  4
```

10
```
   1  6
  ×  7  0
 ─────────
 1  1  2  0
```

11 21×32=672

12 22×41=902

13 27×31=837

14 30×50=1500

15 32×23=736

16 36×31=1116

17 46×34=1564

18 49×21=1029

19 51×17=867

20 67×59=3953

21 70×40=2800

22 72×54=3888

23 86×80=6880

24 93×32=2976

5

숨은그림 찾기

정답 28쪽

» 숨은 그림 8개를 찾아보세요. ☆

DAY 29 (몇백)×(몇십), (몇백몇십)×(몇십)

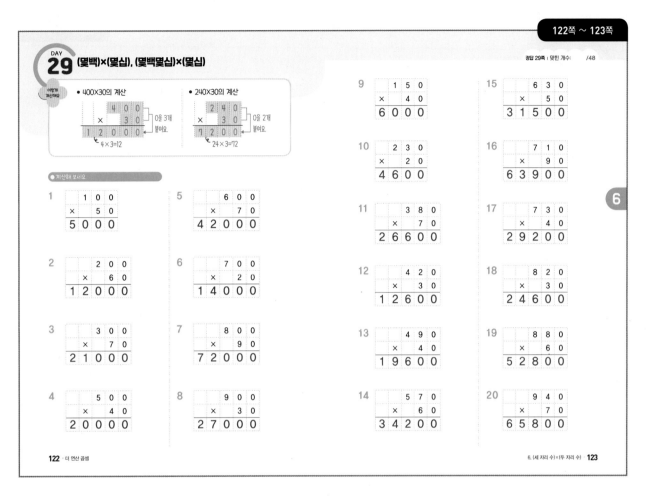

• 400×30의 계산

	4	0	0
×		3	0
1	2	0	0	0

0을 3개 붙여요

4×3=12

• 240×30의 계산

	2	4	0
×		3	0
7	2	0	0

0을 2개 붙여요

24×3=72

● 계산해 보세요.

1
	1	0	0
×		5	0
5	0	0	0

2
	2	0	0
×		6	0
1	2	0	0	0

3
	3	0	0
×		7	0
2	1	0	0	0

4
	5	0	0
×		4	0
2	0	0	0	0

5
	6	0	0
×		7	0
4	2	0	0	0

6
	7	0	0
×		2	0
1	4	0	0	0

7
	8	0	0
×		9	0
7	2	0	0	0

8
	9	0	0
×		3	0
2	7	0	0	0

9
	1	5	0
×		4	0
6	0	0	0

10
	2	3	0
×		2	0
4	6	0	0

11
	3	8	0
×		7	0
2	6	6	0	0

12
	4	2	0
×		3	0
1	2	6	0	0

13
	4	9	0
×		4	0
1	9	6	0	0

14
	5	7	0
×		6	0
3	4	2	0	0

15
	6	3	0
×		5	0
3	1	5	0	0

16
	7	1	0
×		9	0
6	3	9	0	0

17
	7	3	0
×		4	0
2	9	2	0	0

18
	8	2	0
×		3	0
2	4	6	0	0

19
	8	8	0
×		6	0
5	2	8	0	0

20
	9	4	0
×		7	0
6	5	8	0	0

21
	2	0	0
×		4	0
8	0	0	0

22
	2	0	0
×		9	0
1	8	0	0	0

23
	3	0	0
×		9	0
2	7	0	0	0

24
	4	0	0
×		6	0
2	4	0	0	0

25
	4	0	0
×		8	0
3	2	0	0	0

26
	5	0	0
×		3	0
1	5	0	0	0

27
	1	3	0
×		7	0
9	1	0	0

28
	2	6	0
×		8	0
2	0	8	0	0

29
	3	4	0
×		3	0
1	0	2	0	0

30
	4	1	0
×		5	0
2	0	5	0	0

31
	4	9	0
×		6	0
2	9	4	0	0

32
	5	9	0
×		2	0
1	1	8	0	0

33 500×50 = 25000

34 600×60 = 36000

35 600×80 = 48000

36 700×40 = 28000

37 700×70 = 49000

38 800×20 = 16000

39 900×50 = 45000

40 900×70 = 63000

41 610×50 = 30500

42 630×30 = 18900

43 730×80 = 58400

44 770×70 = 53900

45 820×90 = 73800

46 860×20 = 17200

47 950×60 = 57000

48 970×40 = 38800

DAY 30 (세 자리 수)×(몇십)

413×20의 계산

```
      4 1 3
  ×   2 0      0을 1개 붙여요.
  8 2 6 0
      413×2=826
```

● 계산해 보세요.

1
```
    1 3 2
  ×   6 0
  7 9 2 0
```

2
```
    1 8 5
  ×   3 0
  5 5 5 0
```

3
```
    2 4 6
  ×   6 0
1 4 7 6 0
```

4
```
    2 7 3
  ×   8 0
2 1 8 4 0
```

5
```
    3 3 1
  ×   5 0
1 6 5 5 0
```

6
```
    3 9 2
  ×   4 0
1 5 6 8 0
```

7
```
    4 1 9
  ×   9 0
3 7 7 1 0
```

8
```
    4 6 5
  ×   7 0
3 2 5 5 0
```

9
```
    5 2 2
  ×   4 0
2 0 8 8 0
```

10
```
    5 8 5
  ×   3 0
1 7 5 5 0
```

11
```
    5 9 7
  ×   2 0
1 1 9 4 0
```

12
```
    6 3 9
  ×   5 0
3 1 9 5 0
```

13
```
    6 5 1
  ×   7 0
4 5 5 7 0
```

14
```
    7 4 6
  ×   6 0
4 4 7 6 0
```

15
```
    7 8 8
  ×   3 0
2 3 6 4 0
```

16
```
    8 2 4
  ×   9 0
7 4 1 6 0
```

17
```
    8 5 2
  ×   4 0
3 4 0 8 0
```

18
```
    8 9 3
  ×   7 0
6 2 5 1 0
```

19
```
    9 1 4
  ×   5 0
4 5 7 0 0
```

20
```
    9 6 2
  ×   8 0
7 6 9 6 0
```

6

21
```
    1 1 4
  ×   7 0
  7 9 8 0
```

22
```
    1 3 7
  ×   4 0
  5 4 8 0
```

23
```
    1 9 3
  ×   2 0
  3 8 6 0
```

24
```
    2 2 6
  ×   2 0
  4 5 2 0
```

25
```
    2 3 8
  ×   5 0
1 1 9 0 0
```

26
```
    2 6 7
  ×   9 0
2 4 0 3 0
```

27
```
    3 1 3
  ×   6 0
1 8 7 8 0
```

28
```
    3 5 6
  ×   4 0
1 4 2 4 0
```

29
```
    3 7 2
  ×   3 0
1 1 1 6 0
```

30
```
    4 3 1
  ×   8 0
3 4 4 8 0
```

31
```
    4 7 6
  ×   5 0
2 3 8 0 0
```

32
```
    4 8 9
  ×   7 0
3 4 2 3 0
```

33 543×30=16290

34 558×60=33480

35 583×20=11660

36 612×90=55080

37 657×70=45990

38 662×40=26480

39 733×80=58640

40 741×30=22230

41 768×60=46080

42 781×50=39050

43 832×80=66560

44 846×20=16920

45 876×70=61320

46 913×40=36520

47 958×50=47900

48 997×90=89730

6

DAY 31 (세 자리 수)×(두 자리 수)

316×24의 계산

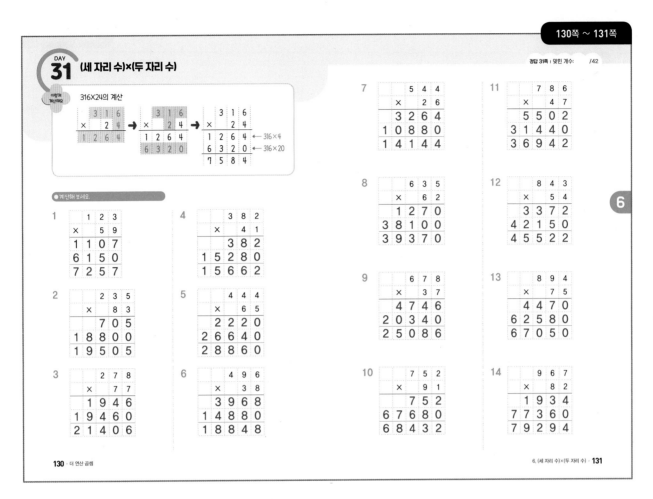

● 계산해 보세요.

1
```
      1 2 3
  ×     5 9
    1 1 0 7
    6 1 5 0
    7 2 5 7
```

2
```
      2 3 5
  ×     8 3
      7 0 5
  1 8 8 0 0
  1 9 5 0 5
```

3
```
      2 7 8
  ×     7 7
    1 9 4 6
  1 9 4 6 0
  2 1 4 0 6
```

4
```
      3 8 2
  ×     4 1
      3 8 2
  1 5 2 8 0
  1 5 6 6 2
```

5
```
      4 4 4
  ×     6 5
    2 2 2 0
  2 6 6 4 0
  2 8 8 6 0
```

6
```
      4 9 6
  ×     3 8
    3 9 6 8
  1 4 8 8 0
  1 8 8 4 8
```

7
```
      5 4 4
  ×     2 6
    3 2 6 4
  1 0 8 8 0
  1 4 1 4 4
```

8
```
      6 3 5
  ×     6 2
    1 2 7 0
  3 8 1 0 0
  3 9 3 7 0
```

9
```
      6 7 8
  ×     3 7
    4 7 4 6
  2 0 3 4 0
  2 5 0 8 6
```

10
```
      7 5 2
  ×     9 1
      7 5 2
  6 7 6 8 0
  6 8 4 3 2
```

11
```
      7 8 6
  ×     4 7
    5 5 0 2
  3 1 4 4 0
  3 6 9 4 2
```

12
```
      8 4 3
  ×     5 4
    3 3 7 2
  4 2 1 5 0
  4 5 5 2 2
```

13
```
      8 9 4
  ×     7 5
    4 4 7 0
  6 2 5 8 0
  6 7 0 5 0
```

14
```
      9 6 7
  ×     8 2
    1 9 3 4
  7 7 3 6 0
  7 9 2 9 4
```

15
```
      1 2 5
  ×     3 7
    4 6 2 5
```

16
```
      1 4 3
  ×     5 1
    7 2 9 3
```

17
```
      1 8 6
  ×     4 4
    8 1 8 4
```

18
```
      2 1 4
  ×     7 5
  1 6 0 5 0
```

19
```
      2 4 6
  ×     9 4
  2 3 1 2 4
```

20
```
      2 7 5
  ×     6 8
  1 8 7 0 0
```

21
```
      3 3 3
  ×     8 7
  2 8 9 7 1
```

22
```
      3 3 7
  ×     5 6
  1 8 8 7 2
```

23
```
      3 7 5
  ×     4 9
  1 8 3 7 5
```

24
```
      4 1 2
  ×     8 8
  3 6 2 5 6
```

25
```
      4 5 6
  ×     3 2
  1 4 5 9 2
```

26
```
      4 8 7
  ×     5 6
  2 7 2 7 2
```

27 529×24=12696

28 536×75=40200

29 574×89=51086

30 636×54=34344

31 661×33=21813

32 698×41=28618

33 716×65=46540

34 734×97=71198

35 772×78=60216

36 796×32=25472

37 813×53=43089

38 838×49=41062

39 884×98=86632

40 928×82=76096

41 945×26=24570

42 971×67=65057

DAY 32 평가

정답 32쪽 | 맞힌 개수: /24

● 계산해 보세요.

1
```
      2 0 0
  ×     3 0
  ─────────
  6 0 0 0
```

6
```
        3 7 1
  ×       4 5
  ───────────
  1 6 6 9 5
```

2
```
      2 1 7
  ×     6 0
  ─────────
  1 3 0 2 0
```

7
```
      4 0 0
  ×     9 0
  ─────────
  3 6 0 0 0
```

3
```
      2 4 9
  ×     5 2
  ─────────
  1 2 9 4 8
```

8
```
      4 2 3
  ×     7 1
  ─────────
  3 0 0 3 3
```

4
```
      3 6 0
  ×     4 0
  ─────────
  1 4 4 0 0
```

9
```
      4 6 0
  ×     2 0
  ─────────
  9 2 0 0
```

5
```
      3 6 9
  ×     4 0
  ─────────
  1 4 7 6 0
```

10
```
      5 0 0
  ×     6 0
  ─────────
  3 0 0 0 0
```

11 $510 \times 30 = 15300$

12 $531 \times 50 = 26550$

13 $671 \times 70 = 46970$

14 $675 \times 80 = 54000$

15 $677 \times 25 = 16925$

16 $700 \times 30 = 21000$

17 $730 \times 90 = 65700$

18 $746 \times 55 = 41030$

19 $814 \times 76 = 61864$

20 $846 \times 90 = 76140$

21 $876 \times 33 = 28908$

22 $919 \times 50 = 45950$

23 $932 \times 64 = 59648$

24 $987 \times 90 = 88830$

정답 32쪽

숨은그림찾기 ☆

≫ 숨은 그림 8개를 찾아보세요.

아이스크림
더연산

아이스크림에듀 영어 교재 시리즈

영어 실력의 핵심은 단어에서 시작합니다.
학습 격차는 NO! 케첩보카만으로 쉽고, 재미있게!
초등 영어 상위 어휘력, 지금부터 케첩보카로 CATCH UP!

LEVEL 1-1

LEVEL 1-2

LEVEL 2-1

LEVEL 2-2

LEVEL 3-1

LEVEL 3-2